«DIE WILDNIS
IST NICHT
NUTZ- UND
BEDEUTUNGSLOS.
SIE
VERVOLLSTÄNDIGT
DIE VOM
MENSCHEN
GEZÄHMTE WELT …
ERÖFFNET
EINEN ANDEREN
RAUM …
ERWEITERT
UNSER
BEWUSSTSEIN
UND STEHT FÜR
EINE VERGESSENE
DIMENSION.»

RODOLPHE
CHRISTIN

WILDE WÄLDER IN EUROPA

↑

Steineichen

Quercus ilex

SPANIEN/NATURSCHUTZGEBIET CAMPANARIOS DE AZABA, KASTILIEN-LÉON, REGION SALAMANCA

Typisch für die mediterrane Garrigue-Vegetation aus Sträuchern und Zwergsträuchern ist die Steineiche, die bis zu 500 Jahre alt werden kann.

Staffan Widstrand

Wolf und Kolkraben

Canis lupus und *Corvus corax*

FINNLAND/KUHMO, REGION KAINUU

Besucher aus aller Welt empfinden eine Mischung aus Bewunderung und Angst, wenn sie die Wölfe, Vielfraße, Raben und Adler von den Beobachtungsposten aus betrachten, die in Kuhmo errichtet wurden. Viele sind begeistert, die Wildnis einmal aus nächster Nähe zu erleben. Die Mehrheit der Europäer jedoch kann sich mit dem Gedanken an die Rückkehr großer Raubtiere nicht anfreunden. Davon zeugen die Gesetze in den meisten Ländern.

Staffan Widstrand

Tote Bäume am Strand

LETTLAND/KAP KOLKA, NATIONALPARK SLITERE

Die Randbereiche der Wälder entlang der lettischen Ostseeküste sind durch den Einfluss von Wind und Wasser ständigen Wandlungsprozessen unterworfen. Die Naturkräfte sorgen für die Verbreitung von Samen und lassen neue Habitate entstehen, in denen sich spezielle Pflanzen- und mit ihnen Insektenarten erstmalig ansiedeln.

Diégo Lopez

Der Triglav

SLOWENIEN/ TRIGLAV-NATIONALPARK

Der Triglav, deutsch „Dreikopf“, ist mit 2864 Metern der höchste Gipfel der Julischen Alpen, die zu den Südlichen Kalkalpen gehören, und ganz Sloweniens. Im Zuge der Erderwärmung schmelzen seine Gletscher zusehends. Aufgrund dieser Tatsache und des Rückgangs der Weidewirtschaft innerhalb der letzten 50 Jahre siedeln sich Nadelbäume wie die Europäische Lärche (*Larix decidua*) und die Bergkiefer (*Pinus mugo*) inzwischen auch in höheren Lagen an den Hängen des Berges an. Experten gehen davon aus, dass sich innerhalb von 100 bis 200 Jahren die Waldgrenze in den Alpen, die aktuell zwischen 2000 und 2500 Metern liegt, um 370 bis 700 Meter nach oben verlagern wird.

Daniel Zupanc

↓

Fischadler

Pandion haliaetus

FINNLAND/KANGASALA, REGION PIRKANMAA

Jedes Jahr legen zahlreiche Fischadler auf ihrem Rückflug aus den westafrikanischen Winterquartieren nach Europa fast 10000 Kilometer zurück. Als Lady, das mit 26 Jahren älteste bekannte Fischadlerweibchen der Welt, im Jahr 2011 zu ihrem Nest in einem Naturreservat in der Nähe des schottischen Städtchens Dunkeld zurückgekehrt war, hatte sie die beschwerliche Strecke Gambia–Schottland bereits zum 21. Mal bewältigt. Dank strenger Jagdverbote entlang der Migrationsrouten trifft man den Fischadler wieder in Gegenden an, wo er jahrzehntelang verschwunden war. Er nistet an Steilküsten, in großen Bäumen oder sogar auf Strommasten.

Peter Cairns

Röhrender Rothirsch in einem dänischen Wald

Cervus elaphus

DÄNEMARK/JÆGERSBORG DYREHAVE, KOPENHAGEN

Das beeindruckende Röhren, das Knallen der Geweihe beim Kampf und die aggressiven Rufe, die wie eine Mischung aus Gebell und heftigem Husten klingen, machen die Brunft der Hirsche zu einem der spektakulärsten Ereignisse, das sich in den europäischen Wäldern beobachten lässt. Die männlichen Tiere versuchen alles, um möglichst viele Hirschkühe von ihren Qualitäten als Fortpflanzungspartner zu überzeugen.

Florian Möllers

Echte Schlüsselblume

Primula veris

SCHWEDEN/KALLHÄLL, UPPLAND

Der Frühblüher wächst in offenem Gelände oder in hellen und feuchten Wäldern auf nährstoffarmen, eher kalkhaltigen Böden. Der Legende nach ließ der Apostel Petrus seinen Schlüssel, mit dem er die Himmelspforte öffnen wollte, auf die Erde fallen, wo er sich in schöne gelbe Blumen verwandelte. Daher stammt der im Volksmund gebräuchliche Name „Himmelsschlüssel“. Wurzeln und Blüten der Schlüsselblume werden als Heilmittel gegen Husten und Kopfschmerzen eingesetzt. Aus den frischen Dolden wurde zudem ein Weißwein gewonnen, der dem französischen Muscadet nicht unähnlich ist.

Staffan Widstrand

NATIONAL GEOGRAPHIC

FOTOGRAFIEN
WILD WONDERS OF EUROPE
TEXTE
ANNIK SCHNITZLER

WILDE WÄLDER IN EUROPA

INHALTSVERZEICHNIS

EINLEITUNG

IN EINER WELT, IN DER DIE NATUR AUF DEM RÜCKZUG IST, LOHNT ES SICH, IN DIE WÄLDER ZU GEHEN UND DIE AUSSERGEWÖHNLICHE KRAFT DIESER LEBENDIGEN Ökosysteme zu erfahren. Sie gehören zu den ältesten und größten der Erde. Riesige, mit Moos und Farnen bewachsene Baumstämme ragen wie Kathedralen in den Himmel oder liegen umgestürzt und zersplittert kreuz und quer im Unterholz. Wer die letzten wilden Wälder Europas durchstreift, begreift, wie sehr der Mensch Teil der Kreisläufe der Natur ist. Der Wald ist ein lebendiger Lebensraum, in dem wir lange Zeit zu Hause waren. Nach wie vor bietet er dem Menschen beachtliche materielle und geistige Ressourcen. Die Betrachtung unberührter, naturbelassener Wälder in ihrem ganzen Reichtum ruft ein Gefühl der Ausgeglichenheit und Freiheit sowie Respekt und Neugier hervor.

Nur noch wenig ist übrig von den „ursprünglichen" Wäldern, die das Aussehen Europas fast sechs Jahrtausende lang prägten. Im Laufe der Zeit hat sich der Mensch eine Natur nach seinen Vorstellungen geschaffen. Entstanden ist eine Landschaft aus städtischen Siedlungsgebieten, geometrischen Fluren, Weiden und Wiesen, regulierten Wasserläufen und intensiv bewirtschafteten Wäldern. Zwei gegenläufige Tendenzen könnten dazu führen, dass die Natur zu Beginn unseres Jahrhunderts abermals ihr Aussehen ändert. Zum einen nimmt das Bestreben weiterhin zu, die natürlichen Ressourcen in großem Umfang zu nutzen, wodurch der Umwelt immer größerer Schaden zugefügt wird. Zum anderen wächst die Einsicht, dass Natur und Umwelt geschützt werden müssen.

Um das heutige Bild des Waldes und seine Bedeutung für den Menschen besser zu verstehen, muss man seine Geschichte betrachten. Denn der Wald, von dem wir fälschlicherweise glauben, dass er unveränderlich sei, hat seit dem Ende der letzten Eiszeit vor etwa 10 000 Jahren einen kontinuierlichen Wandlungsprozess durchlaufen. Brand- und Schlagrodung sowie Beweidung ließen den Wald, der einst große Teile Europas bedeckte, im Laufe der letzten drei Jahrtausende schrumpfen. Andere, durch menschliche Eingriffe geprägte Ökosysteme entstanden und drängten die letzten naturbelassenen Wälder auf ein paar Tausend Quadratkilometer in abgelegenen oder wegen ihrer unfruchtbaren Böden uninteressanten Regionen zurück. Diese Überbleibsel, die noch von der ursprünglichen Umgebung zeugen, in der unsere Urahnen als Jäger und Sammler lebten, sind kostbare Natur- und Kulturdenkmäler. Zwar ist man sich heute ihres immensen Wertes bewusst, doch werden die letzten naturbelassenen Wälder keineswegs systematisch geschützt. Im Gegenteil: in naher Zukunft droht vielen von ihnen eine intensive wirtschaftliche Nutzung. Zudem achten die Europäer bei der Bewirtschaftung ihrer Wälder in der Regel wenig auf Nachhaltigkeit und reduzieren die Artenvielfalt. Es ist notwendig, auf die Bedürfnisse und die Fragilität der Wälder aufmerksam zu machen. Nur so kann man deutlich machen, worauf es bei ihrer Erhaltung und Bewirtschaftung ankommt. Nicht zuletzt gilt es, die uralten Bäume und die spektakuläre Fauna zu bewahren, die dem Menschen seit jeher als wertvolle Inspirationsquelle für Philosophie, Religion und Kunst dienten.

Annik Schnitzler

DER WALD MIT ALL SEINEN KREISLÄUFEN UND VORRÄTEN AN ORGANISCHEN UND MINERALISCHEN STOFFEN, WASSER UND ENERGIE LEISTET EINEN ENTSCHEIDENDEN BEITRAG ZUR ARTENVIELFALT IN EUROPA. NATURBELASSENE WÄLDER SEHEN AUFGRUND IHRER GANZ UNTERSCHIEDLICH GROSSEN UND ALTEN BÄUME ALLES ANDERE ALS EINHEITLICH AUS. DIE ÄLTESTEN, IN DEN OBERSTEN SCHICHTEN DES WALDES DOMINIERENDEN BÄUME VERLEIHEN DEM GESAMTEN ÖKOSYSTEM SEINE STABILITÄT. ZUDEM BIETEN SIE VOM BLATTWERK BIS ZU DEN WURZELN, IM FRISCHEN HOLZ WIE IM TOTHOLZ EINER VIELZAHL VON ORGANISMEN – TIEREN, MIKROORGANISMEN ODER PILZEN – EINEN LEBENSRAUM. DER WALDBODEN BEHERBERGT SPEZIELLE ARTEN VON ORGANISMEN, DIE MINERALISCHE ELEMENTE BEREITSTELLEN UND ORGANISCHE STOFFE AUFBEREITEN. ZUDEM SPEICHERT ER EINEN GROSSEN TEIL DES WASSERVORRATS.

WAS IST EIN WALD?

DIE EUROPÄISCHEN WALDGEBIETE WERDEN JE NACH REGION UNTERSCHIEDLICH STARK VON WALDBRÄNDEN, ÜBERSCHWEMMUNGEN ODER STÜRMEN HEIMGESUCHT. DIESE UNVERMITTELT HEREINBRECHENDEN KATASTROPHEN KÖNNEN SELBST DIE MÄCHTIGSTEN BÄUME BESCHÄDIGEN ODER VERNICHTEN, SO DASS STELLENWEISE DAS SONNENLICHT BIS ZUM WALDBODEN VORDRINGT. SOLCHE LÜCKEN KÖNNEN AUCH DURCH DAS ALTERN UND ABSTERBEN DER GRÖSSTEN BÄUME ENTSTEHEN. DIE PFLANZEN IM UNTERHOLZ WERDEN DANN VORÜBERGEHEND ZU EINEM VERSTÄRKTEN WACHSTUM ANGEREGT UND BREITEN SICH AUS. HERBIVOREN, BESTÄUBER UND SAMENFRESSER GEBEN SICH EIN STELLDICHEIN, BIS SICH DER RAUM WIEDER GESCHLOSSEN HAT. SOLCHE IMMER WIEDERKEHRENDEN VORGÄNGE PRÄGEN DEN NATÜRLICHEN KREISLAUF DES WALDES.

DER WALD ALS LEBENDIGE EINHEIT

DER BEGRIFF „WALD" BEZEICHNET EIN LEBENDIGES UND KOMPLEXES SYSTEM. UNTER DEM SCHÜTZENDEN DACH DER GROSSEN BÄUME existieren zahllose Pflanzen-, Tier- und Pilzarten sowie Mikroorganismen, die alle zusammen den Wald ausmachen. Ihr Lebensraum reicht von den Baumkronen bis zum Unterholz. Man findet sie im und über dem Boden, in der **STREU** und im sich zersetzenden Holz. Grundlegend für das Funktionieren dieses Systems sind zwei Vorgänge: die **AUTOTROPHIE**, bei der die Pflanzen durch **PHOTOSYNTHESE** Zucker und Eiweiße für die Herbivoren (Pflanzenfresser) produzieren, und die **HETEROTROPHIE**, bei der tierische Eiweiße verbraucht oder organische Moleküle zerlegt werden. Sämtliche im Wald lebenden Populationen sind durch den Austausch von Nährstoffen und Energie miteinander verbunden und in **NAHRUNGSNETZE** eingebunden. Auf diese Weise können sie sich an die Ressourcen des Ökosystems anpassen und brauchen sie nicht auf. Zudem ist der Wald gegen Brände, Windbruch, anhaltende Dürre oder längere Frostperioden geschützt. Diese meist klimabedingten Widrigkeiten können das Funktionieren des Ökosystems Wald nämlich vorübergehend beeinträchtigen, vor allem wenn sie häufiger oder gleichzeitig auftreten. Beispielsweise schwächt eine anhaltende Dürre im Sommer die Bäume, was eine sprunghafte Vermehrung laubfressender Insekten nach sich ziehen kann.

Extreme Kälte oder Hitze können ähnliche Folgen haben. Eichen, die im Winter strengen Frostperioden ausgesetzt sind, werden bekanntlich stärker von Holzschädlingen in Form von Prachtkäfer (Gattung *Agrilus*) oder Pilzen (Hallimasch, Geweihförmige Holzkeule, Baumpilze) befallen.

Durch Feuer oder Windbruch beschädigte Pflanzen pflegen meist zu überleben, da sie die wunderbare Fähigkeit besitzen, sich aus vegetativen Teilen (Stämmen oder Zweigen) zu regenerieren. Manche nutzen klimatische Widrigkeiten sogar, um ihre Samen auszustreuen. Die im Mittelmeerraum heimische Aleppo-Kiefer etwa verbreitet ihre Samen, indem sie unmittelbar nach einem Feuer die Schuppen ihrer Zapfen öffnet. Die relativ hitzebeständigen Samen fallen dann auf den noch heißen Boden. Ein weiteres Beispiel sind Weiden und Pappeln, deren Samen in der Zeit der Schneeschmelze reifen, wenn Bäche und Flüsse über die Ufer treten. Dank des Hochwassers werden die Samen oft sehr weit

STREU
Die Gesamtheit organischer Abfälle von Pflanzen (Blätter, Zweige, Früchte, Baumrinde), Pilzen (Sporen, Hyphen) und Tieren (Aas, Exkremente), die den Waldboden bedecken. Die Streuschicht wird durch Bodenlebewesen zu Humus zersetzt.

AUTOTROPHIE
Von autotroph, „sich selbst ernährend"; die Fähigkeit von Pflanzen, mit Hilfe von Licht aus Kohlendioxid, Mineralsalzen und Wasser Zucker zu gewinnen.

PHOTOSYNTHESE
Siehe Seite 27.

HETEROTROPHIE
Von heterotroph, „sich von anderen ernährend"; die Eigenschaft von Lebewesen, ihre Nahrung aus bereits vorhandenen organischen Verbindungen zu beziehen, also aus lebenden oder toten Organismen pflanzlicher oder tierischer Art.

NAHRUNGSNETZ
Eine Reihe miteinander verknüpfter Nahrungsketten innerhalb eines Ökosystems, zwischen denen ein Energie- und Materieaustausch stattfindet.

flussabwärts oder in das Schwemmland befördert, wo die jungen Keimlinge leichter überleben als an den dicht bewachsenen Flussufern.

BODEN UND KRONENDACH: DIE GRENZEN DES WALDES

Der Wald ist eine in sich geschlossene, deutlich gegen die übrigen Ökosysteme abgegrenzte Einheit. Das Kronendach bildet die obere, der Waldboden die untere Grenze. Die seitlichen Konturen sind weitaus verschwommener: Der dichte Waldteppich wird durch Flüsse, Gebirge, Schluchten, natürliche Wasserflächen oder von Menschenhand geschaffene Ökosysteme wie Wiesen, Weiden, städtische Siedlungen oder Straßen unterbrochen. Dennoch bildet der Waldsaum mit seinen bis weit nach unten belaubten Bäumen, Sträuchern und Kletterpflanzen eine dichte Barriere.

Das Dach des Waldes besteht aus den Kronen der großen Bäume und gelegentlich auch aus großen Kletterpflanzen. Die eng aneinandergedrängten Baumkronen bilden eine geschlossene, wenn auch wegen der manchmal mehrere Meter betragenden Höhenunterschiede stark gewellte Oberfläche. Aufgrund der hohen Baumkronen und des dichten Blattwerks wird das für die **PHOTOSYNTHESE** notwendige rote und blaue Licht zu mehr als 80 Prozent abgefangen. Die wenigen Strahlen, die sich direkt oder indirekt durch Reflexion einen Weg durch die Blätter bahnen, reichen im Allgemeinen nicht aus, um die im Boden schlummernden Samen zum Keimen zu bringen und das Wachstum von krautigen Pflanzen zu fördern.

Das dichte Kronendach bewahrt den Unterwuchs vor starken Temperaturschwankungen und massiven UV-Strahlen. Es bietet auch Schutz gegen starken Wind, Samenflug und Schadstoffe aus der Luft. In einem intensiven biochemischen Prozess produziert das Blattwerk insektizide und fungizide Substanzen, die die Pflanzen im Unterholz vor Schädlingen in Form von Insekten (Phytophagen) oder Pilzen schützen. Langlebige Pflanzenarten wie Bäume zeichnen sich von Natur aus durch ein wenig nahrhaftes, gar giftiges, stark tanninbeziehungsweise harzhaltiges Blattwerk aus. Die Konzentration der unbekömmlichen oder giftigen Substanzen variiert jedoch je nach Jahreszeit. Im Frühjahr, wenn die zarten jungen Blätter viele Proteine und wenig Giftstoffe enthalten, beherbergt das Kronendach zahlreiche Raupen von Tag- und Nachtfaltern. Je weiter das Jahr voranschreitet, desto zäher wird das Laub. Sein Tanningehalt steigt, der Anteil von Wasser und Proteinen sinkt.

PHOTOSYNTHESE
Stoffwechselvorgang, der es grünen Pflanzen, Algen und Phytoplankton durch Einwirkung von Lichtenergie ermöglicht, anorganische Stoffe wie Wasser und Kohlendioxid in organische Stoffe (Kohlenhydrate) umzuwandeln. Die Photosynthese geht mit der Bindung von Kohlendioxid und der Produktion von Sauerstoff einher. Durch die Photosynthese werden nahezu alle organischen Stoffe und Sauerstoffvorkommen freigesetzt, die für den Fortbestand des globalen Ökosystems vonnöten sind.

Laubwald im Herbst

TSCHECHISCHE REPUBLIK/HRENSKO, NATIONALPARK BÖHMISCHE SCHWEIZ (ČESKÉ ŠVÝCARSKO), BÖHMEN

Die sich zu Beginn der kalten Jahreszeit verfärbenden und abfallenden Blätter sind typisch für Laubwälder. Verglichen mit den Wäldern anderer gemäßigter Breiten, vor allem in Asien und Nordamerika, ist die Artenvielfalt in den Wäldern Europas deutlich geringer. Dies hat vor allem zwei Gründe: Die bewaldeten Rückzugsgebiete sind seit der letzten Eiszeit wesentlich kleiner geworden und liegen weit auseinander. Zudem wirken die von Ost nach West verlaufenden Gebirgsketten Europas wie eine Barriere für Migrationen.

José B. Ruiz

Rotbuchenwald im Herbst

Fagus sylvatica

RUMÄNIEN/PIATRA-CRAIULUI-NATIONALPARK, SÜDKARPATEN, SIEBENBÜRGEN

Die Rotbuche bildet relativ lichte Kronen aus, so dass das Sonnenlicht zwei bis drei Meter tief in den Wald einfällt. Die nur noch spärlich beleuchteten unteren Bereiche gleichen einem Mosaik aus Licht- und Schattenflecken. Eine einzige erwachsene Rotbuche produziert jährlich bis zu drei Milliarden Liter Sauerstoff und 4000 Kilogramm organische Stoffe. Außerdem filtert sie über 7000 Kilogramm Staub aus der Luft und 70 Kubikmeter Wasser. Und das alles umsonst!

Cornelia Dörr

Buchenwald in den Karpaten

RUMÄNIEN/PIATRA-CRAIULUI-NATIONALPARK, SÜDKARPATEN, SIEBENBÜRGEN

Die Karpaten erstrecken sich über acht Länder und umfassen 300 000 Hektar Urwald. Sie beherbergen einen Großteil der ökologisch bedeutsamsten Waldhabitate Europas und damit eine enorme Vielfalt an großen Säugetieren und Vögeln, die in den meisten anderen Regionen des Kontinents schon ganz oder fast ausgestorben sind.
Im Mai 2011 unterzeichneten sämtliche Länder der Karpatenkonvention ein Abkommen für ein nachhaltiges Forstmanagement und und den Erhalt dieser europäischen Schatzkammer der Biodiversität.

Cornelia Dörr

Schwarzstorch in einem Kiefernwald

Ciconia nigra

LITAUEN

Der Schwarzstorch (*Ciconia nigra*) gilt als Indikator für ein besonders gut funktionierendes Ökosystem innerhalb der Wälder Europas. Er bevorzugt Laubmischwälder mit viel altem Baumbestand, um sein Nest zu bauen. Im Jahr 2009 wurde die europäische Population auf 6000 bis 8000 Brutpaare geschätzt. Davor war der Schwarzstorch aus Ländern wie Belgien, Dänemark und Schweden vollkommen verschwunden. In fast allen anderen Ländern Europas gingen die Populationen bis in die 1970er Jahre hinein dramatisch zurück. Drastische Schutzmaßnahmen, angefangen von der Wiederherstellung der Habitate bis zur Überwachung der Horste, haben das Blatt gewendet und das Überleben des Schwarzstorchs gesichert. Heute nisten wieder über 560 Brutpaare in Deutschland und über 1000 in Polen und Lettland.

Diego López

Bemooste Stämme von toten Bäumen

FINNLAND/SUOMUSSALMI, YLI-VUOKKI-WALDSCHUTZGEBIET, KAINUU

Die alten Wälder Europas beherbergen viele Bäume, die infolge von Alterungsprozessen, Krankheit oder Entwurzelung durch einen Sturm umstürzten. Während sie in einem Jahrzehnte dauernden Prozess zu Humus verfallen, bieten sie zahllosen Arten einen Lebensraum. Moose schätzen die Feuchtigkeit des Baumstamms und den sauren pH-Wert. Pilze und Insekten ernähren sich von seiner organischen Substanz und ziehen wiederum andere Tiere an.

Staffan Widstrand

Der Waldmistkäfer

Geotrupes stercorosus

SLOWAKEI/BUCHENWALD, MORSKIE-ÖKO-NATURSCHUTZGEBIET, VIHORLATGEBIRGE

Der in den Wäldern Europas weit verbreitete Waldmistkäfer wird vom Geruch von sich zersetzenden organischen Substanzen (Exkrementen, Faulpilzen) angelockt. Ausgewachsene Tiere siedeln auf diesen Substanzen und legen im Frühjahr einen Gang mit Nebengängen und Kammern an, in die sie Kot eingetragen und darauf ein Ei ablegen.

Konrad Wothe

Eichhörnchen neben einer alten Kiefer

Sciurus vulgaris

DEUTSCHLAND/FRIEDHOF „IN DEN KISSELN", BERLIN

Das Eichhörnchen lebt auf Bäumen. Sein Kobel liegt meistens drei bis neun Meter über dem Erdboden in einem Baum oder in der Nähe eines Baumstamms. Es begibt sich auf den Boden, um Pilze, Beeren, junge Triebe, aber auch Schnecken und Insekten zu verspeisen. Sein größter natürlicher Feind ist der Baummarder (*Martes martes*), der es als Einziger von Ast zu Ast verfolgen kann. Das Eichhörnchen, das 60 bis 80 Prozent seiner wachen Zeit damit zubringt, nach Nahrung zu suchen und zu fressen, spielt eine wichtige Rolle bei der Verbreitung von Bäumen. Körner, Früchte oder Nüsse werden von ihm in der Erde verscharrt und keimen dort. Das Anlegen von Vorräten ist typisch für die Tiere, die in Misch- oder reinen Laubwäldern leben, wo Nahrung im Winter knapp ist.

Florian Möllers

Laubfressende Insekten können das Wachstum der Bäume bremsen, wenn der Befall ein bestimmtes Maß übersteigt. Eine zu 90 Prozent von den Raupen des Buchenrotschwanzes (*Dasychira pudibunda*), eines Schmetterlings, kahl gefressene Buche etwa reduziert ihr Wachstum ein bis zwei Jahre lang um sieben bis 13 Prozent, eine von den Raupen der Nonne (*Lymantria monacha*), eines Nachtfalters, befallene Fichte gar um 50 bis 80 Prozent. Da diese Insekten mit ihren Exkrementen jedoch sehr viele mineralische Verbindungen ausscheiden, düngen sie in Zeiten starker Vermehrung in erheblichem Umfang den Waldboden und regen das Wachstum der Sämlinge und Pflanzen im Unterwuchs an.

Kronendach und Unterwuchs produzieren durch den Prozess der **EVAPOTRANSPIRATION**, also die Verdunstung von Wasser aus Boden und Blättern, reichlich Feuchtigkeit. Daher können im Sommer Temperatur und Feuchtigkeit im Unterwuchs mitunter von Messwerten im offenen Gelände abweichen.

Die Bäume, die das Kronendach bilden, leben meist Hunderte von Jahren. Buche, Ahorn oder Tanne werden durchschnittlich 350 bis 400 Jahre alt, Eichen 700 Jahre und Eiben gar bis zu 2000 Jahre. Manche dieser Baumveteranen erreichen beeindruckende Dimensionen, vor allem bei günstigen Boden- und Klimaverhältnissen.

Im naturbelassenen Wald von Białowieża in Polen finden sich Bäume (Ulmen, Eschen, Eichen, Pappeln) mit Durchmessern zwischen 2,5 und vier Metern. Die höchsten Bäume Europas sind Nadelbäume. In Rumänien, Russland oder Polen gibt es bis zu 55 Meter hohe Fichten. Einige Tannen erreichen sogar eine Höhe von bis zu 58 Metern.

Der Waldboden ist das Herzstück der terrestrischen Ökosysteme, die Schnittstelle zwischen mineralischer und organischer Welt. Seine Beschaffenheit hängt vom Substrat (Muttergestein), von den lokalen Klimaverhältnissen, der Vegetation und den auf und in ihm lebenden Organismen ab. Den Pflanzen stellt er unverzichtbare Nährstoffe für ihr Wachstum zur Verfügung. Am Waldboden wimmelt es jedoch von weiteren Organismen, angefangen bei Mikroorganismen (Bakterien, Pilzen) bis hin zu Säugetieren (Maulwürfen, Dachsen und Füchsen), die von den Reichtümern des Waldbodens profitieren und ihn fortlaufend bearbeiten, um ihn den eigenen Bedürfnissen anzupassen.

Am Waldboden findet eine permanente Aufbereitung des abgestorbenen organischen Materials aus Laubstreu, dürren Zweigen und toten Wurzeln, tierischen Kadavern und Exkrementen sowie **HYPHEN** (oder **MYZEL**) der Pilze statt. Die Aufbereitung wird von den Mikroorganismen übernommen und ist umso effizienter, je lockerer und haftfähiger die Böden sind. Jene fortlaufend aufbereitete organische Masse führt dem gesamten System wieder Mineral-

EVAPOTRANSPIRATION
Die Gesamtmenge des von Flora, Fauna und der Bodenoberfläche verdunsteten und in die Atmosphäre abgegebenen Wassers.

STREU
Siehe Seite 20.

HYPHEN
Das vegetative System der Pilze; ein verzweigtes System fadenförmiger Zellen im Boden, die für die Wasser- und Nährstoffaufnahme zuständig sind.

MYZEL
Teil des vegetativen Systems von Pilzen, bestehend aus den Hyphen, das resistente organische Materialien (wie etwa Holz) zersetzt und überlebenswichtige Kohlenstoffverbindungen absorbiert. Das Myzel spielt innerhalb des Ökosystems eine wichtige Rolle. Es ermöglicht Pilzen, symbiotische Partnerschaften einzugehen, wodurch die Effizienz der Wasser- und Nährstoffaufnahme der betreffenden Pflanzen gesteigert wird.

stoffe oder einfache organische Moleküle zu. Am Waldboden finden ständige Synthese- und Abbauprozesse statt. Dadurch und durch die Mineralisierung organischer Substanzen entsteht **HUMUS**. In einer Tiefe von drei bis 20 Zentimetern verbirgt sich somit ein regelrechtes Energiesystem, das die Fruchtbarkeit des Waldes gewährleistet. In gemäßigten Breiten fallen pro Jahr und Hektar mehrere Tonnen Trockenmaterial an, in einem Eichen-Kiefernwald in Westeuropa beispielsweise bis zu 4,5 Tonnen.

Viele Pflanzen gehen **SYMBIOSEN** mit bestimmten Pilzen ein. Die Feinwurzeln der Pflanzen und die Fäden der Pilze (**HYPHEN**) bilden sogenannte Mykorrhiza, von denen beide Partner profitieren. Die Hyphen der Pilze helfen den Pflanzenwurzeln, ins Erdreich vorzudringen, schützen sie gegen Krankheitserreger im Boden oder andere giftige Substanzen (Kalk, Aluminium). In Dürrezeiten versorgen sie sie auch mit Wasser. Die Pflanzen wiederum geben Abfallprodukte aus der **PHOTOSYNTHESE** wie Vitamine und Wachstumshormone an die Mykorrhiza ab. Mitunter wachsen die Mykorrhiza zu einer beachtlichen Größe an und können bis zu einem Drittel des Waldbodens mit dichten, nahtlos ineinander übergehenden Netzen durchziehen.

Zuweilen verbindet sich in diesen Netzen auch eine Pflanzenart mit mehreren Pilzsorten. Gleichwohl hat die Symbiose für beide Partner auch ihren Preis. Jeder muss zugunsten des anderen auf einen Teil seiner Ressourcen verzichten. Deshalb kommen Mykorrhiza ausschließlich in Gegenden mit kargen Böden vor. Wurzeln, Hyphen und Ausscheidungen der Pilze verbinden sich mit den Ausscheidungen der Bakterien zu Aggregaten (Bodenpartikeln), die dem Boden große Haftfestigkeit verleihen.

Die den Waldboden bevölkernden Wirbellosen bilden eine weitere eigene komplexe Welt. Wer den Waldboden aus nächster Nähe betrachtet, wird auch ohne Mikroskop eine faszinierende Vielzahl von kleinen Lebewesen entdecken. Allein dieser Perspektivwechsel sorgt für eine überraschende Erfahrung. Zur Gruppe der Wirbellosen gehört die Mikrofauna (Nematoden, Copepoden, Tardigrada, Protozoen ...), winzige, weniger als einen Millimeter messende Kleinstlebewesen. Sie zählen mit schätzungsweise 405 Millionen Individuen pro Quadratmeter nach den Bakterien zu den am häufigsten im Boden anzutreffenden Organismen. Ihre Biomasse hingegen erreicht nur 0,5 Gramm Trockenmasse pro Quadratmeter.

Zur Mesofauna zählt man ein bis drei Millimeter große Organismen (Anneliden, Enchytraeiden, Mikroarthropoden) mit etwa 550 000 Individuen pro Quadratmeter und einer

HUMUS
Obere Bodenschicht aus zersetzten organischen Materialien. Die Zersetzungsprozesse gehen zurück auf Tiere, Bakterien und Pilze. Folge ist die Freisetzung von Stickstoff, Phosphor und anderen für das Pflanzenwachstum wichtigen Nährstoffen. Humus ist von dunkler Farbe, hat eine lockere Konsistenz, ist gut belüftet und kann gut Wasser speichern.

SYMBIOSE
Vergesellschaftung von Individuen unterschiedlicher Arten zum gegenseitigen Vorteil.

HYPHEN
Siehe Seite 32.

PHOTOSYNTHESE
Siehe Seite 27.

↑

Spanner-Raupe

SLOWENIEN/TRIGLAV-NATIONALPARK

Die Raupen der Spanner (aus der Familie der Geometridae) sind allesamt Phytophagen. Sie bewegen sich fort, indem sie ihren Hinterleib heranziehen, bis der ganze Körper eine große Krümmung aufweist, und sich dann wieder strecken. Die meisten dieser Schmetterlinge können sich als Raupen wie als Adulte hervorragend tarnen, dadurch, dass ihre Körper in Form und Färbung Laub, Moos, Zweigen oder Rinde ähneln. Diese Form der Anpassung zum Schutz vor Räubern nennt man „Mimikry".

Daniel Zupanc

Hirschzungenfarn

Asplenium scolopendrium

SAN MARINO

Die langen, ganzrandigen Blattwedel dieses eleganten Farns sind im Gegensatz zu den meisten anderen Arten der Farngewächse nicht gefiedert. Die ungewöhnliche Pflanze erfreut sich wegen ihres dekorativen Charakters großer Beliebtheit. In der freien Natur bevorzugt sie feuchte und schattige Standorte in Wäldern mit kalkhaltigen Böden.

Florian Möllers

Ausgehöhlter Stamm einer Eiche

Quercus robur

DEUTSCHLAND/PFAUENINSEL, BERLIN

Dank der reichen Gartenbaukultur Europas sind die städtischen Parkanlagen mit ihren vielen alten Bäumen wie hier auf der Pfaueninsel in Berlin Zufluchtsorte für bedrohte Insektenarten. Deren Lebenszyklen sind eng an das Vorhandensein von in Zersetzung befindlichem Holz gebunden.

Florian Möllers

Großer Eichenbock

Cerambyx cerdo

DEUTSCHLAND/GRUNEWALD, BERLIN

Der Große Eichenbock, der bis zu acht Zentimetern groß wird, zählt zu den bedrohtesten Insektenarten Europas.
Er gehört zu den saproxylischen Arten, die sich von Totholz ernähren. Die abgestorbenen großen Laubbäume bieten ihm günstige Lebensgrundlagen. Seine besondere Vorliebe gilt betagten Eichen.
Die Larven des Großen Eichenbocks entwickeln sich zunächst unter der Rinde und dringen anschließend ins Splintholz ein. Die Verpuppung findet dicht unter der Rindenoberfläche statt. Die im Juli schlüpfenden Adulten leben tagsüber im Verborgenen.

Florian Möllers

Naturdenkmal: eine Rotbuche

Fagus sylvatica

RUMÄNIEN/PIATRA-CRAIULUI-NATIONALPARK, SÜDKARPATEN, SIEBENBÜRGEN

In einem lichten Wald können Buchen über ihrem mächtigen Stamm eine ausladende Krone entwickeln, vor allem wenn sie ein hohes Alter erreichen.

Cornelia Dörr

Pilze

MONTENEGRO/IN DER NÄHE DES ZMINJE-SEES, DURMITOR-NATIONALPARK

Pilze erfüllen im Ökosystem des Waldes mehrere Funktionen. Sie zersetzen die organischen Substanzen von Streu und Totholz, gehen symbiotische Verbindungen mit verschiedenen Pflanzen ein und regulieren als Parasiten die anderen Lebensformen des Waldes. Allerdings bleiben sie oft unbemerkt, da sie nur während ihrer Reproduktionsphase leicht zu erkennen sind. Auf diesem vollkommen mit dem Myzel verschiedener Pilzarten überzogenen Totholz halten sich die Sporophoren (die sichtbaren Teile eines Pilzes) des Bluthelmlings (*Mycena haematopus*) nur ein paar Tage. Sie sterben ab, sobald sie ihre Sporen verstreut haben.

Milán Radisics

↓

Baumlücken: Licht und Vielfalt

SLOWENIEN/AM UFER DER LEPENA, NATIONALPARK TRIGLAV

Klimatische Phänomene wie Wind oder der natürliche Absterbeprozess der Bäume können dazu führen, dass sich plötzlich Lücken im Kronendach auftun. Dann kommen Sträucher und Bäume, die lange Zeit im Unterholz vor sich hin vegetiert haben, plötzlich in den Genuss von Sonnenlicht. Oft sind sie artverwandt mit den größeren und älteren Exemplaren. Die rissigen Baumstämme der absterbenden oder bereits toten Buchen bergen auch eine Vielzahl von Moosen und Flechten, die auf den Stämmen jüngerer Bäume fehlen. Hier tummeln sich scharenweise Spechte, um die in der morschen Rinde und den darunterliegenden Gängen verborgenen Larven aufzustöbern.

Daniel Zupanc

Farn

LITAUEN/RESERVAT MORICSALA, USMA-SEE

Der Farnteppich, der den Boden dieses Waldes in Litauen bedeckt, zeugt von der hohen Feuchtigkeit in Bodennähe, die sich dank des dichten Blätterdachs des Waldes in einer Region mit ozeanischem Klima sehr gut hält.

Diego López

Biomasse von ungefähr 1,5 Gramm Trockenmasse pro Quadratmeter. Je nach Qualität des **HUMUS** und Jahreszeit schwanken diese Werte allerdings stark. Zudem ist die Mesofauna in den dunkleren Abschnitten des Waldes, wo die Humusschichten deutlich mehr organische Substanzen enthalten, weniger stark vertreten.

Die Lebewesen der Makrofauna (Lumbricidae, Arachnida, Myriapoda, Crustacea, Mollusken, Insekten) messen mehr als drei Millimeter. Ihre Anzahl dürfte dennoch einige Tausend Individuen pro Quadratmeter und ihre Biomasse ungefähr sieben Gramm Trockenmasse pro Quadratmeter betragen. Die Lumbricidae oder Regenwürmer treten in einer Populationsdichte von einigen Hundert Exemplaren pro Quadratmeter auf: zwischen 73 und 360, je nach dem Nährstoffgehalt des Humus. Sie sind wahre Tiefbauingenieure. Bei optimalen Bedingungen schleusen sie pro Hektar und Jahr rund 400 Tonnen Erde durch ihren Verdauungstrakt. Die in den oberen Bodenschichten lebenden Würmer zerlegen die organische Masse unablässig in kleine Teile, von denen sie sich ernähren. Ihre Ausscheidungen und die Gänge, die sie in den Boden graben, verändern die Struktur des Bodens und die Dynamik des darin gespeicherten Wassers fortwährend und fördern die Aktivität der Mikroben.

Die Ernährungsweise der Wirbellosen ist höchst unterschiedlich. Sie saugen an den Wurzeln der Pflanzen, grasen die Mikroflora ab, gehen auf Beutefang, fressen Bakterien oder **HYPHEN** von Pilzen. 80 Prozent der organischen Substanzen (**STREU**, Totholz, absterbende Wurzeln, Tierkadaver und Mikroben) passieren somit ihren Verdauungstrakt.

Im Waldboden übernehmen die Wirbellosen zahlreiche Funktionen. Je nachdem, wie viel Blattwerk sie verzehren, steuern sie das Wachstum des Kronendachs; je nachdem, welche Pflanzen sie bevorzugen oder meiden, beeinflussen sie das Artenspektrum der Pflanzen; durch ihre zahlreiche Mineralstoffe enthaltenden Exkremente steigern sie deren Austausch. Auf diese Weise fördern die Wirbellosen die Tätigkeit der Destruenten, Organismen, die organische Substanzen abbauen und zu anorganischem Material reduzieren. Reguliert werden die Aktivitäten wiederum durch die natürlichen Feinde und Parasiten der Wirbellosen.

Nicht zuletzt hängt der Stoffkreislauf auch von äußeren Einflüssen wie Regen, Staubablagerungen oder Wasserhaushalt, kurzum von den Zyklen des Waldes ab.

HUMUS
Siehe Seite 35.

HYPHEN
Siehe Seite 32.

STREU
Siehe Seite 20.

↑

Einzelne Blüte im Blütenstand einer Bärlauchpflanze

Allium ursinum
BELGIEN/HALLERBOS, FLÄMISCH-BRABANT

Jedes Jahr im Frühjahr erwachen die Wälder wieder zu neuem Leben. In den Laubwäldern profitieren viele krautige Pflanzen, die in Form von Zwiebeln oder Rhizomen überwintern wie zum Beispiel der Bärlauch, von den milderen Temperaturen der ersten Frühlingsmonate (März, April) und dem dank der noch kahlen Bäume stärkeren Lichteinfall. Ein Spaziergang durch einen Frühlingswald, in dem der Bärlauch blüht, ist eine überwältigende Erfahrung. Sein intensiver Duft hat eine fast schon berauschende Wirkung. Die jungen Blätter schmecken hervorragend im Salat oder lassen sich zu einem Pesto verarbeiten. Seit Jahrtausenden schon wird die Pflanze außerdem als Heilmittel bei Appetitlosigkeit, hohem Blutdruck und Arteriosklerose eingesetzt.

Maurizio Biancarelli

Haarschleierling mit Feder

TSCHECHISCHE REPUBLIK/BRTNICKÝ HRÁDEK, NATIONALPARK BÖHMISCHE SCHWEIZ (ČESKÉ ŠVÝCARSKO), BÖHMEN

Die bescheidene Schönheit des Haarschleierlings, der aus einem Moosteppich sprießt, bleibt oft unbemerkt. An diesem Exemplar hat sich eine Feder verfangen.

José B. Ruiz

↓

Frischling

Sus scrofa
DEUTSCHLAND/BOHMTE, NIEDERSACHSEN

Das Wildschwein war ursprünglich in den Sumpfwäldern Südostasiens beheimatet. Von dort drang es nach Westen vor und erreichte nach der letzten Eiszeit Europa. Das Tier ist mit einem ausgezeichneten Geruchssinn ausgestattet, lebt in hoch entwickelten Sozialverbänden, ist extrem stark und fruchtbar und ist ein echter Allesfresser. Das Wildschwein ist die erfolgreichste Säugetierart unserer Zeit. In Mitteleuropa haben der extensive Maisanbau und in jüngerer Zeit der Bau von immer mehr Biogasanlagen maßgeblich dazu beigetragen, dass sich die Population seit den 1980er Jahren konstant und rasant erhöht hat.

Florian Möllers

Totholz an einem Bergfluss

SLOWAKEI/TAL KÔPROVÁ DOLINA, WESTTATRA

Totholz ist ein überaus wichtiges Element im Leben eines Flusses, das inzwischen in den meisten Wasserläufen Europas fehlt. Es bietet Schatten, Schutz und Nahrung für im Wasser lebende Wirbellose und Fische. In den Wasserläufen naturbelassener Wälder können sich riesige Mengen von Totholz ansammeln. Dies führt bisweilen dazu, dass Fließgewässer ihren Lauf ändern oder Sumpfgebiete entstehen.

Bruno D'Amicis

Braunbär, auf einen abgebrochenen Nadelbaum kletternd

Ursus arctos
POLEN/BIESZCZADY-NATIONALPARK (KARPATEN)

Bären kommen regelmäßig zu toten Baumstämmen, wo sie auf der Suche nach Honig wilde Bienenvölker aufstöbern. Sie kratzen auch gern im faulenden Holz nach Ameisen. Jedoch wird das kraftvolle Tier seit Urzeiten gnadenlos vom Menschen gejagt. Ende des 18. Jahrhunderts gab es in den westlichen und zentralen Gebieten Polens keine Bären mehr. Heute leben rund 400 Exemplare in ganz Polen, davon zwischen 55 und 70 im Bieszczady-Nationalpark.

Grzegorz Leśniewski

Weißrückenspecht

Dendrocopos leucotos
POLEN/TARNAWA, BIESZCZADY-NATIONALPARK (KARPATEN)

Der Weißrückenspecht nistet fast ausschließlich in Laubwäldern (Eiche, Erle, Hainbuche und andere). Meist sucht er sich absterbende Bäume oder stehendes Totholz als Nistplatz aus. Seine Vorliebe für alte Bäume erklärt, dass er in forstwirtschaftlich genutzten Wäldern kaum zu finden ist. Während in Polen in naturbelassenen Wäldern etwa 8,4 Brutpaare auf 100 Quadratkilometern leben, in forstwirtschaftlich genutzten nur drei Paare. Aufgrund seiner hohen ökologischen Ansprüche wurde der Weißrückenspecht zum Symbol der naturbelassenen Wälder Europas.

Grzegorz Leśniewski

DIE LEBENSZYKLEN DES WALDES

TYPISCH FÜR DEN KREISLAUF DES WALDES IST EIN REGELMÄSSIG WIEDERKEHRENDES, ZUGLEICH ABER IN HOHEM MASSE ZUFALLSBEDINGTES PHÄNOMEN: die Entstehung von Lichtungen. Eine Lichtung bildet sich, wenn ein oder mehrere Bäume des Kronendachs umkippen. Ursache kann zum Beispiel ein Sturm sein oder ein langsamer Alterungs- und Absterbeprozess (**SENESZENZ**), der mit dem allmählichen Verlust von Laubwerk und Ästen verbunden ist. Die entstandene Lücke entspricht der „Kindheit" im Lebenszyklus des Waldes, in deren Verlauf sich das lokale Mikroklima ändert. Das ungehindert einfallende Sonnenlicht mit zahlreichen roten und blauen Strahlen dringt bis zum Boden vor und lässt die darin schlummernden Samen keimen. Es regt das Wachstum der Sämlinge, krautigen Pflanzen, Kletterpflanzen und Sträucher an und fördert damit die Verjüngung des Unterwuchses. Es gedeihen Pflanzenarten wie Weißdorn (*Crataegus monogyna*), Gewöhnlicher Spindelstrauch (*Euonymus europaeus*) und Brombeere (*Rubus fruticosus*) in den gemäßigten Breiten oder die Heidelbeere (*Vaccinum myrtillus*) in nördlichen oder Bergregionen ausschließlich in Baumlücken. Blüten und Früchte locken Scharen pflanzenfressender Säugetiere, Vögel und Insekten an. Bestäubende, Nektar und Blütenstaub sammelnde Insekten schwirren in den Baumlücken umher, es wimmelt von winzigen Nagern sowie von Ameisen und Vögeln, die sich an den Samen gütlich tun. Dieses bunte Völkchen zieht seinerseits ein ganzes Spektrum an natürlichen Feinden an, von Raubvögeln bis hin zu Säugetieren.

Die durch das Umfallen großer Bäume verursachter Lücken (oder „Lichtungen") sind jedoch nicht von Dauer. Besonders in fruchtbaren und warmen Gegenden schließen sie sich rasch wieder. Binnen weniger Jahre wächst schattiges Blattwerk und sobald sich die Lücke schließt, stellt sich allmählich auch wieder das einstige Mikroklima ein. Die Bäume, die sich in der Schneise angesiedelt haben, werden irgendwann älter und stürzen Jahrhunderte später ihrerseits um, so dass der Kreislauf von Neuem beginnt. Dieser umfasst wie alle Lebenszyklen im Allgemeinen vier Phasen: Kindheit (die „Lichtung" entsteht), Jugend (junge Bäume erobern die Lichtung), Reife (die Bäume erreichen eine gewisse Größe) und langsames Altern und Absterben, das zu einer neuen Lichtung führt.

SENESZENZ
Biologischer Alterungsprozess eines Organismus, der mit dem Tod endet.

TOTHOLZ: EINE BEREICHERUNG FÜR DEN WALD

Naturbelassene, also nicht forstwirtschaftlich genutzte Wälder beherbergen mit zirka 50 bis 200 Kubikmetern pro Hektar eine beachtliche Menge Totholz. Dies entsteht in erster Linie durch das Umstürzen großer Bäume. Hin und wieder sterben auch einzelne Exemplare ab, die im Verdrängungswettbewerb in den Baumlücken unterliegen. Das Totholz bildet einen kostbaren Vorrat an organischen Substanzen, die dem Ökosystem nur ganz allmählich wieder zugeführt werden. Vor allem wenn das Klima kalt oder trocken und der Boden sauer ist und das Totholz aus besonders widerstandsfähigen Sorten besteht, ist dieser Prozess sehr langwierig. Das Totholz speichert im Zuge seiner Zersetzung auch Wasser. Wurzelstock und Wurzeln sorgen dafür, dass das Wasser tief ins Erdreich eindringt. In den hohlen Wurzelgängen siedeln sich bevorzugt neue Pflanzenarten an, wo sie von diesen Wasservorräten profitieren.

Altholz und Totholz bieten zahlreiche neue Lebensräume, in denen sich eine vielfältige Waldflora und -fauna ansiedelt: **EPIPHYTEN** (Moose, Farne), Pflanzen, die in Hohlräumen und Rissen wachsen, sowie Alt- und Totholz zersetzende Fauna (**SAPROXYLOPHAGEN**). Diese ganz spezifische Artenvielfalt wurde in naturbelassenen oder der forstwirtschaftlichen Nutzung entzogenen Wäldern Europas ausgiebig erforscht. Das Totholz wird von unzähligen hyperspezialisierten Organismen zersetzt, die zu seiner Umwandlung beitragen, indem sie sich davon ernähren, darin siedeln oder sich darin vermehren. Darunter sind Pilze, **MYXOMYCETEN** (Schleimpilze), Wirbellose und Wirbeltiere, wobei Pilze und Wirbellose dominieren. Unweit von Paris wurden im reichen Unterholz des Waldes von Fontainebleau 394 an der Zersetzung des Totholzes beteiligte (saproxylische) Pilzsorten identifiziert. Die **HYPHEN** der Pilze befallen bis zu 30 Prozent der Baumstämme und verwandeln die soliden Zellwände der Moleküle von **ZELLULOSE** und **LIGNIN**, aus denen Holz im Wesentlichen besteht. Einige holzzersetzende (oder lignicole) Pilze wie der Austernseitling (*Pleurotus ostreatus*) ergänzen ihre Ernährung durch im Holz lebende Regenwürmer. Sie besitzen spezielle, schlingenförmige Hyphen, mit deren Hilfe sie die Würmer fangen und anschließend verdauen. Andere Pilze setzen lähmende Gifte frei, um Würmer zu erbeuten.
Die Myxomyceten ernähren sich von den Überresten des **MYZELS**, von Pilz- oder Bakterienkolonien. Von 44 bekannten Myxomycetengattungen konnten 38 im Totholz des Waldes von Białowieża beiderseits der polnisch-weißrussischen Grenze nachgewiesen werden.
Es gibt auch Einzeller, die Holz oder sogar hölzerne Substanzen aus den Exkrementen anderer Pilze oder von Insekten zersetzen.

Totholzinsekten lassen sich in drei große Gruppen unterteilen: in **COLEOPTERA** (21 Prozent) wie der Große Eichenbock (*Cerambyx cerdo*), **DIPTERA** wie Mücken oder Fliegen (15 Prozent) und in **HYMENOPTERA** (13 Prozent), zu denen unter anderem die schwarzen und roten Ameisen zählen. In Europa gibt es schätzungsweise 1300 im und vom Totholz lebende Käfergattungen. Manche dieser Insekten ernähren sich ausschließlich von Holz, das nicht von Pilzen befallen ist, während andere die Vorarbeit von holzzersetzenden Pilzen zu schätzen wissen.
Wieder andere leben in den Hohlräumen der Stämme und Äste großer Bäume, die den ungern auf größere Wanderschaft gehenden Tieren eine ideale Behausung bieten.

Die holzzersetzenden Wirbellosen stellen hohe Ansprüche an ihre Behausung. Oft besiedeln mehrere Gattungen in friedlichem Nebeneinander ein und denselben Ort. Außerdem ernähren sich die Larven anders als die Adulten. Während ausgewachsene Individuen Gras fressen, ernähren sich Larven von

EPIPHYTEN
Siehe Seite 173.

SAPROXYLOPHAGEN
Siehe Seite 55.

MYXOMYCETEN
Siehe Seite 55.

HYPHEN
Siehe Seite 32.

ZELLULOSE
Polysaccharid (Vielfachzucker), das aus einer unverzweigten Kette von ca. 200 bis 14 000 D-Glukosemolekülen besteht. Glukose ist ein wichtiger Pflanzenbestandteil, der sich in den Zellwänden befindet.

LIGNIN
Einer der wichtigsten Bestandteile des Holzes. Er verleiht ihm Festigkeit, macht es wasserundurchlässig und schützt es vor Zersetzung.

MYZEL
Siehe Seite 32.

COLEOPTERA
Siehe Seite 55.

DIPTERA
Insektenordnung, auch „Zweiflügler" genannt; Mücken und Fliegen bilden unter anderen Unterordnungen der Diptera.

HYMENOPTERA
Insektenordnung, auch „Hautflügler" genannt, zu der unter anderen Wespen, Bienen, Hummeln, Hornissen und Ameisen gehören. Nach den Käfern (Coleoptera) bilden die Hymenoptera die artenreichste Insektenordnung. Beschrieben sind 120 000 verschiedene Spezies.

Holz, indem sie eine **SYMBIOSE** mit holzzersetzenden Bakterien, Pilzen und Protozoen eingehen; die Larven bestimmter Käfer (**COLEOPTERA**) wie etwa jene des Großen Eichenbocks weisen sogar selbst symbiotische Organismen und holzzersetzende Enzyme auf.

Zahlreiche andere Tiergattungen wie Vögel, Säugetiere, Reptilien und Amphibien halten sich ebenfalls bevorzugt in Baumhöhlen auf. Der naturbelassene Wald von Białowieża beherbergt 44 in Höhlen brütende (cavicole) Vogelarten. Dennoch sind nicht alle Baumhöhlen besiedelt, was verschiedene Ursachen hat. Zum einen gibt es anders als in forstwirtschaftlich genutzten Wäldern derart viele, dass einige zwangsläufig dauerhaft oder immer wieder jahrelang leer bleiben. Zudem sind nicht alle Baumhöhlen gleich attraktiv. So nisten Spechte vermutlich wegen des dort günstigeren Mikroklimas lieber in Höhlen von totem als von lebendigem Holz. Da sie jedes Jahr neue Höhlen aufsuchen und große Öffnungen bevorzugen, fühlen sie sich in naturbelassenen Wäldern am wohlsten. Manche Spechtarten wie der Weißrückenspecht (*Dendrocopus leucotos*) oder der Dreizehenspecht (*Picoides tridactylus*) sind sogar auf Totholz angewiesen, weil sie nur dort Nahrung finden. Es ist daher kein Wunder, dass sie in forstwirtschaftlich genutzten Wäldern, in denen es nur wenig Totholz gibt, eher selten vorkommen und in ganz Europa vom Aussterben bedroht sind. Sobald die forstwirtschaftliche Nutzung eingestellt wird und dicht stehende, mächtige und altersschwache Bäume zunehmen, nimmt auch die Population wieder zu.

Baumhöhlen werden auch von anderen Vogelarten genutzt, die selbst nicht in der Lage sind, Holz auszuhöhlen, darunter die Dohle (*Corvus monedula*), die Hohltaube (*Columba oenas*), der Grauschnäpper (*Muscipapa*), die Kohlmeise (*Parus major*), der Kleiber (*Sitta europaea*) und der Gartenbaumläufer (*Certhia brachydactyla*).

Auch Säugetieren bieten solche Stammhöhlen Zuflucht. In Białowieża wurden elf Fledermausarten gezählt, darunter der Große Abendsegler (*Nyctalus noctula*), der in riesigen Schwärmen in Baumstämmen nistet. Der Riesenabendsegler (*Nyctalus lasiopterus*), der Kleine Abendsegler (*Nyctalus leisleri*) und die Mopsfledermaus (*Barbastella barbastellus*) ziehen sich im Sommer zum Ausruhen oder aber zum Winterschlaf in Baumhöhlen zurück. Einige Nager wie die in ganz Europa verbreitete Rötelmaus (*Clethrionomys glareolus*) hausen in abgestorbenen Wurzelstöcken. Große Säugetiere suchen im Totholz Nahrung oder Schutz: Bären und Wisente finden dort Honig und Pilze, Wildschweine und Nager suchen nach Wirbellosen und einige Marderarten (*Mustelidae*) ziehen sich zur Fortpflanzung ins Totholz zurück.

Amphibien werden von der Feuchtigkeit angelockt. Sie suchen im Totholz Nahrung oder verstecken sich darin. Der Feuersalamander (*Salamandra salamandra*) etwa hält sich gerne auch in toten Baumstämmen auf. Daher nimmt man an, dass sämtliche an Land lebenden Salamanderarten auf Totholz angewiesen sind. Für Reptilien ist das Totholz relevant bei der Wärmeregulierung. Sie finden dort im Winter Unterschlupf oder stöbern Wirbellose auf.

SYMBIOSE
Siehe Seite 35.

COLEOPTERA
Insektenordnung, zu der unter anderem die Familien der Blatthornkäfer, der Marienkäfer und der Schröter gehören. Charakteristisch für Vertreter dieser Ordnung sind ihre zwei Flügelpaare. Die chitinverstärkten Deckflügel werden als Elytren bezeichnet, sind bisweilen farbig und bilden eine Art Panzer, während die äußerst dünnen Hautflügel dem Flug dienen. Coleoptera bilden mit mehr als 300 000 Arten die größte Insektenordnung.

MYXOMYCETEN
Einzellige Schleimpilze, die temporär ein sogenanntes Plasmodium ausbilden. Es handelt sich dabei um eine einzige große Zelle mit zahlreichen Zellkernen. Die Zelle wird nicht durch eine starre Zellwand umschlossen und kann schneckenartig ihren Standort wechseln. Myxomyceten ernähren sich durch die Aufnahme von Bakterien und Pilzen. Sie leben in feuchter Umgebung und auf Böden, die reich an zersetzten organischen Materialien sind.

SAPROXYLOPHAGEN
Organismen, die sich ausschließlich von Alt- und Totholz ernähren und damit zu dessen Zersetzung beitragen. Saproxylophagen, namentlich Pilze, Bakterien, Protozoen und Wirbellose, sind am Kohlenstoffzyklus und der Umwandlung organischer Stoffe in Humus beteiligt.

↑

Männchen der Schlupfwespe

Dolichomitus imperator

SLOWAKEI/WESTTATRA

Die Schlupfwespe ist ein parasitoider Hautflügler und gehört zu den holzfressenden Insekten. Der Unterleib des Weibchens endet in einem überlangen Legestachel, mit dem es auf der Suche nach Wirtslarven ins Holz bohrt und ein Ei in deren Körper ablegt. Die jungen Insekten ernähren sich dann von den Larven, bis sie schlüpfen.

Bruno D'Amicis

Mehrfarbiger Porling

Lenzites betulinus

KROATIEN/URWALD VON CORKOVA UVALA, NATIONALPARK PLITVICER SEEN

Der Birkenblättling (*Lenzites betulinus*; Ordnung der Porlinge) ist eine Pilzart, die sich vorrangig auf Laubbäumen, namentlich auf Pappelarten (*Populus*) in Ufergebieten ansiedelt.

Maurizio Biancarelli

Springfrosch auf toten Blättern

Rana dalmatina

KROATIEN/URWALD VON CORKOVA UVALA, NATIONALPARK PLITVICER SEEN

Der Springfrosch ist in der Streu der meisten feuchten Wälder Europas weit verbreitet, von Nordspanien bis Schweden sowie in ganz Mitteleuropa mit Ausnahme von Russland. Er laicht in Tümpeln oder kleinen sumpfigen Senken im Wald und überwintert entweder unter der Laubdecke oder im Waldboden.

Maurizio Biancarelli

Kernbeißer

Coccothraustes coccothraustes

Der Kernbeißer, der die meiste Zeit des Jahres bei uns sehr heimlich ist, hat von allen europäischen Sperlingsvögeln den kräftigsten Schnabel. Fünf Schneidekanten im Oberkiefer, überaus anpassungsfähige Gegenstücke im Unterkiefer und eine ungeheuer starke Muskulatur ermöglichen es ihm, Pflaumen- oder Kirschkerne in wenigen Sekunden zu knacken. Selbst Olivenkerne, bei denen man einen Druck von 70 Kilogramm aufbringen muss, um sie zu zermalmen, stellen kein Problem für ihn dar.

Markus Varesvuo

↓

Unterwuchs in einem Mischwald aus Nadelbäumen und Buchen

Abies nordmanniana und *Fagus orientalis*

RUSSLAND/BIOSPHÄRENRESERVAT VON TEBERDINSKY, ARKHYZ, KARATSCHAI-TSCHERKESSIEN

In den naturbelassenen Wäldern des Westkaukasus sammelt sich wie in allen Primärwäldern auch hier im Unterwuchs sowohl in den Baumlücken als auch unter dem geschlossenen Kronendach eine Unmenge toter Stämme und Äste an: umgestürzte, entwurzelte Baumstämme und stehendes Totholz. Sie bieten Lebensraum für eine Vielzahl holzfressender Organismen, zumal die einzelnen Tothölzer unterschiedliche Ausmaße und Verrottungsgrade aufweisen.

Tom Schandy

Feuersalamander

Salamandra salamandra

SLOWAKEI/NATIONALPARK POLONINY, WESTKARPATEN

Die ausschließlich an Land lebende Amphibienart ist nachtaktiv. Tagsüber zieht sich der Feuersalamander in feuchte Habitate unter Steinen oder Rindenstücken, in verrottende Wurzelstöcke oder zwischen Baumwurzeln zurück. Das Weibchen sucht das Wasser nur auf, um darin seine Larven abzulegen. Als Laichgewässer dienen Waldtümpel oder Bachläufe am Zufluss größerer Wasserflächen, wo sich nur wenige Fische aufhalten.

Konrad Wothe

Männlicher Waldlaubsänger

Phylloscopus sibilatrix

DEUTSCHLAND/BERLIN

Der Waldlaubsänger hält sich am liebsten in den unteren Bereichen des Kronendachs von Laubwäldern aus Buchen, Eichen und Hainbuchen auf. Gelegentlich findet man ihn auch in Nadelwäldern auf bis zu 1200 Metern Höhe, allerdings nur, wenn es dort auch Buchen gibt. Im Licht schimmert sein prächtiges grüngelbliches Federkleid. Seine Kehle und seine Brust sind blassgelb, der Bauch weiß und er besitzt einen gelben Überaugenstreif. Der Waldlaubsänger nistet bevorzugt im Kronendach, das ihm dank der vielen Zweiflügler, Eintagsfliegen, Schmetterlinge, Blattläuse und Larven reichlich Nahrung bietet. Er überwintert in Afrika in den Savannen und am Saum der Regenwälder.

Florian Möllers

All diese Organismen tragen dazu bei, dass ein abgestorbener Baum, der nach mehreren Jahrzehnten umstürzt, langsam, aber sicher im Waldboden aufgeht, bis dort nur noch eine Schicht **HUMUS** von ihm bleibt.

EINE REICHE FAUNA

Die Zersetzung des Holzes zeigt, welch wichtige Rolle die Fauna des Waldes für den Regenerationsprozess und ganz allgemein für den Stoffkreislauf dieses Ökosystems spielt. Die zahllosen Insekten sind äußerst aktiv. Man findet sie im Laubdach, wo sie Blätter und Knospen vertilgen. Außerdem saugen sie den Saft der Pflanzen, fressen Früchte und Samen und leben in Rinde und absterbenden Bäumen. Ihr Vorkommen hängt von den Merkmalen der Wirtspflanzen ab. So gibt es in Nadelwäldern weniger Laufkäfer (**CARABIDAE**) als in Laubwäldern und es dominieren in den beiden Waldformen jeweils andere Gattungen. Zusätzlich hängt die Verteilung vom Mikroklima des Waldes ab. Einige leben im Laub des Blätterdachs wie zum Beispiel laubfressende Raupen, aber auch voll entwickelte Tiere, die die dortigen Licht- und Temperaturverhältnisse schätzen. Bestimmte Zweiflügler (**DIPTERA**) bevorzugen dagegen die Bodennähe, weil es dort windgeschützt ist und sie sich ungestört paaren können. Die Baumstämme bieten das für Insekten interessanteste Mikroklima im ganzen Wald. Unter der Rinde herrschen milde Temperaturen, was den Larven bestimmter Coleoptera (der Gattung *Chrysobothris*), die erhöhte Temperaturen vertragen (Thermophile), zusagt. Anderen wie den **COLEOPTERA** der Gattung Rhagium dagegen missfällt es. Zuweilen entwickeln sich **SYMBIOSEN** zwischen bestimmten holzzersetzenden Insekten wie den Borkenkäfern (*Scolytidae*), den Walzenkäfern (*Platipodidae*) und Pilzen. Die Larven dieser Insekten graben ihre Gänge tief ins Holz hinein, sind dazu aber nur in der Lage, wenn es von den **HYPHEN** des Fliegenpilzes bedeckt ist. Die Übertragung des Pilzes auf das Holz erfolgt durch Sporen, die in spezifischen Körperstrukturen der Insekten, dem so genannten Mycangium, gelagert und transportiert werden.

Waldvögel, die ausschließlich im Wald nisten und auf Nahrungssuche gehen, sind in Europa ebenfalls sehr zahlreich vertreten. Es gibt mindestens 70 Gattungen, zu denen etwa weitere zehn hinzukommen, die zwar im Wald nisten, aber außerhalb nach Nahrung suchen. Etwa 30 andere Vogelarten gehören zu den Arboricolen. Sie nisten in frei oder am Waldrand stehenden Bäumen und gehen außerhalb des Waldes auf Nahrungssuche wie beispielsweise der Graureiher (*Ardea cinerea*). Typische Waldvögel sind die Amsel (*Turdus merula*), die mittlerweile häufiger in menschlichen Siedlungsgebieten anzutreffen ist als im Wald, diverse Drosseln (Misteldrossel, *Turdus viscivorus;* Singdrossel, *Turdus philomelos;* Rotdrossel, *Turdus iliacus*), Spechte (Schwarzspecht, *Dryocopus;* Buntspecht, *Dendrocopus*), Meisen (der Gattung *Parus*), Kleiber (*Sitta europaea*) und Waldbaumläufer (der Gattung *Certhia*). Sie sind dank ihrer meist breiten und verhältnismäßig kurzen Flügel in der Lage, Hindernissen auszuweichen. Dafür können sie nicht so schnell fliegen. Manche Vogelarten wie Haubenmeise (*Parus cristatus*), Blaumeise (*Parus caeruleus*), Sumpf-

HUMUS
Siehe Seite 35.

CARABIDAE
Die Familie der Carabidae, auch „Laufkäfer" genannt, umfasst Bodenkäferarten, die sich von anderen Insekten ernähren und über äußerst kräftige Mundwerkzeuge (Mandibeln) sowie hochsensible, über den Körper verteilte Haarsensillen verfügen. Zahlreiche Arten schillern metallisch oder regenbogenfarben.

DIPTERA
Siehe Seite 52.

HYPHEN
Siehe Seite 32.

SYMBIOSE
Siehe Seite 35.

COLEOPTERA
Siehe Seite 52.

meise (*Parus palustris*), Wintergoldhähnchen (*Regulus regulus*) oder Erlenzeisig (*Carduelis spinus*) bevorzugen Nadelwälder. Dort finden sie im Winter Samen und Insekten, die in den inneren, schneefreien Bereichen des Astwerks leben.

Andere Arten wiederum wie der Zaunkönig (*Troglodytes troglodytes*) oder das Rotkehlchen (*Erithacus rubecula*) leben eher in Laubwäldern. Dort gibt es mehr Insekten als in Nadelwäldern. Insgesamt bietet das dichtere Unterholz der Laubwälder mehr Vogelarten einen Lebensraum. Buchfink (*Fringilla coelebs*), Fitis (*Phylloscopus trochilus*) und Rotkehlchen dominieren hier.

Entsprechend ihren spezifischen Bedürfnissen verteilen sich die Vögel auf die verschiedenen Waldschichten zwischen Boden und Blätterdach. In den Baumkronen leben vergleichsweise wenige Vogelarten, die sich ausschließlich von Früchten ernähren (Frugivoren), da die Waldbäume Europas keine fleischigen Früchte tragen. Dafür findet man dort Ringeltauben (*Columba palumbus*), einige Rabenvogelarten und die Nistplätze großer Greifvögel.

Die vielen verschiedenen Arten von Säugetieren in den Wäldern Europas decken alle Stationen des Nahrungsnetzes ab, angefangen bei Pflanzenfressern bis hin zu Aasfressern (Prädatoren). Die Fledermäuse (*Chiroptera*) übernehmen bei Nacht eine ähnliche Rolle wie die insektenfressenden Vögel und jagen in sämtlichen Bereichen des Waldes. Die Abendsegler (*Nyctalus*) gehen in der gesamten Baumkrone auf Insektenjagd und stoßen manchmal sehr weit ins Unterholz hinab.

Langohrfledermaus (*Plecotus*) und Bechsteinfledermaus (*Myotis bechsteinii*) schwirren ebenfalls durch das Laubwerk, machen aber auch am Boden Jagd auf kleine Wirbellose. Bestimmte Arten der Gattung Myotis leben ausschließlich in Wäldern mit altem Baumbestand. Ganz allgemein gilt: Je mehr (stehendes und liegendes) Totholz ein Wald enthält, je komplexer er aufgebaut ist und je mehr Baumarten es gibt, desto größer ist die Bandbreite an Fledermäusen. Wasservorkommen erhöhen die Attraktivität des Waldes zusätzlich, da in Feuchtgebieten besonders viele Fluginsekten leben. Vor allem im Frühjahr, am Ende des Winterschlafs und im Herbst, vor Beginn des Winterschlafs, lassen sich dort zahlreiche Fledermäuse beobachten.

Große Pflanzenfresser (Herbivore) beeinflussen das Pflanzenvorkommen im Wald, da sie die Rinde von Bäumen und Sträuchern abnagen sowie Blätter und Knospen fressen. Sie fressen keineswegs alle Pflanzen, sondern haben ganz bestimmte Vorlieben. Wildschweine (*Sus scrofa*) wühlen auf der Suche nach essbaren Wurzeln im Boden und bereiten auf diese Weise den Keimprozess der Eicheln vor. Elch (*Alces alces*), Rentier (*Rangifer tarandus*) und Hirsch (*Cervus elaphus*) schälen Baumstämme und fressen Schößlinge sowie zarte junge Bäume, während Eichhörnchen Samen und frische Triebe bevorzugen. Wisente (*Bison bonasus*) und früher Auerochsen (*Bos primigenius*) vertragen Gräser, die für die übrigen Herbivoren – auch für den ausgestorbenen Tarpan (*Equus ferus*) und andere Wildpferde – weitestgehend ungenießbar sind.

↑

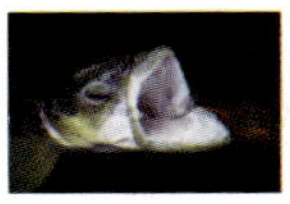

Bachforelle, die eine Eintagsfliege erbeutet

Salmo trutta

SCHWEDEN/ IN DER DALA, GÖTENE, VÄSTRA GÖTALAND

Die Bachforelle, die als „Meerforelle" auch im Meer vorkommt, zieht im Winter die Bachläufe des Waldes hinauf, wo sie auf kiesigem Grund in meist flachem Wasser laicht. Sind die Larven geschlüpft, finden sie Schutz unter den Wurzeln von Erlen, Buchen oder anderen Bäumen. Die Art stellt hohe Ansprüche an die Wasserqualität, da nur Gewässer mit hohem Sauerstoffgehalt eine ausreichende Menge der von ihr bevorzugten Beutetiere führen: Larven und adulte Tiere von Eintagsfliegen, Steinfliegen und Köcherfliegen.

Martin Falklind

Nevidio-Schlucht

MONTENEGRO/NEVIDIO-SCHLUCHT, DURMITOR-NATIONALPARK

Die drei Kilometer lange Nevidio-Schlucht war lange Zeit unzugänglich. Sie ist Teil des 1952 gegründeten Durmitor-Nationalparks, der 1980 in das Unesco-Kulturerbe aufgenommen wurde. Er umfasst das Durmitor-Massiv, die Tara-Schlucht, die Flusstäler der Sušice und der Draga und den oberen Teil der Komarnica-Schlucht. Die Wälder sind bemerkenswert intakt, vor allem die Schwarzkiefernwälder (*Pinus nigra ssp nigra*). In diesem Nationalpark leben noch große Raubtiere wie der Balkanluchs.

Milán Radisics

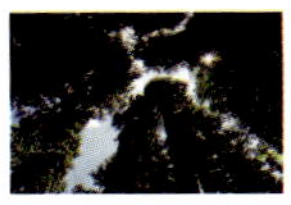

Wald aus Kaukasustannen

Abies nordmanniana

RUSSLAND/BIOSPHÄRENRESERVAT TEBERDINSKY, ARKHYZ, KARATSCHAI-TSCHERKESSIEN

Im russischen Biosphärenreservat Teberdinsky sind noch einige Wälder mit zum Teil über 50 Meter hohen, schön gewachsenen Kaukasustannen und Orientbuchen zu finden. Das Laubdach der großen Bäume fängt die meisten der Lichtstrahlen ab. Nur einige Sonnenflecken erreichen den Boden und versorgen das Leben im Unterholz mit Energie.

Tom Schandy

Unglückshäher

Perisoreus infaustus

FINNLAND/OULANKA-NATIONALPARK, KUUSAMO, NORDÖSTERBOTTEN

Dieser unauffällige Rabenvogel ist ein typischer Bewohner borealer Wälder von Skandinavien bis Russland, in denen Fichten, Kiefern und Birken wachsen. Seinen Namen hat er wohl einem alten Aberglauben zu verdanken, nach dem sein Auftauchen Unglück ankündigte. Der Allesfresser tummelt sich in sämtlichen Etagen des Waldes, vom Boden bis zu den höchsten Ästen, und jagt kleine Säugetiere wie Wühlmäuse, Weidenmeisen und andere Sperlingsvögel. Außerdem frisst er Aas, Eidechsen und Wirbellose. Auch die Früchte von Heidelbeer- und Wacholdersträuchern sowie Fichtensamen verschmäht er nicht. Er legt Vorräte an, indem er seine Nahrung einspeichelt, zu Kugeln formt und an die Bäume klebt.

Sven Začek

↓

Wolf

Canis lupus

POLEN/BIESZCZADY-NATIONALPARK (KARPATEN)

Wölfe waren einst in der gesamten nördlichen Hemisphäre weit verbreitet. Durch ihre systematische Verfolgung schrumpfte der Bestand jedoch stark. Es gibt aber noch stattliche Populationen in Naturschutzgebieten in verschiedenen Gegenden Europas. Dank ihrer könnte sich der Wolf auch wieder in den Nachbarländern verbreiten, sobald dort entsprechende Schutzmaßnahmen getroffen werden. In den polnischen Karpaten ist der Wolf in allen Waldarten zu Hause, selbst in alpinen Regionen. Während offizielle Statistiken 550 Tiere anführen, gehen wissenschaftliche Schätzungen anhand der durchschnittlichen Dichte nur von maximal 250 Tieren aus.

Grzegorz Leśniewski

Winterlicher Wald im Białowieża-Nationalpark

POLEN/BIAŁOWIEŻA-NATIONALPARK

Der Nationalpark im östlichen Polen, nahe der Grenze zu Weißrussland, beherbergt eines der besterhaltenen Waldgebiete des Landes mit insgesamt 26 Baumarten. Dazu zählen Hainbuche (*Carpinus betulus*), Stieleiche (*Quercus robur*), Linde (*Tilia cordata*), Ulme (*Ulmus sp*), Ahorn (*Acer platanoides*) und Fichte (*Picea ecxelsa*). Der Wald ist von großem ökologische m Interesse, da er auf einzigartige Weise von den Wäldern zeugt, die einst vor den großen Kahlschlägen, der Fragmentierung und der forstwirtschaftlichen Erschließung ganz Europa bedeckten. Jedoch werden die Wälder rund um das Naturschutzgebiet derzeit bis an dessen Grenze intensiv forstwirtschaftlich genutzt. Dies beeinträchtigt das natürliche Gleichgewicht im Naturschutzgebiet.

Stefano Unterthiner

NATURBELASSENE WÄLDER

IM VERLAUF DER LETZTEN EISZEIT, DIE VOR RUND 100 000 JAHREN EINSETZTE UND VOR 10 000 JAHREN ZU ENDE GING, HERRSCHTE IN Europa im Vergleich zur übrigen Nordhalbkugel ein besonders extremes Klima. Die bitterkalte, sehr trockene, von zahlreichen milderen Episoden unterbrochene Würmeiszeit, die letzte des **PLEISTOZÄNS**, verlagerte die Pflanzen- und Tierwelt des Waldes in winzige vereinzelte Refugien. Sie befanden sich am Rande der Binnenmeere, des Mittelmeers und des Schwarzen Meers und in einigen wenigen Bergregionen. Zahlreiche Arten starben aus.

Nach 100 000 Jahre Kälte und Dürre erholte sich der Steppenwald, der Europa in den Warmzeiten (zwischen 135 000 und 115 000 **BP**) bedeckt hatte, nicht mehr. **MEGAHERBIVORE** wie der Mammut und das Wollrhinozeros sowie einige große Karnivoren wie Bären und Höhlenlöwen (*Panthera leo speleae*), die während der verschiedenen Phasen der Eiszeit in Europa gelebt hatten, waren bereits ausgestorben. Andere Tiergattungen wie der Wisent und der Auerochse überlebten, indem sie kleiner wurden oder auswanderten. Auf vielen Flächen, von denen sich das Eis zurückgezogen hatte, siedelten sich zahlreiche Baumarten aus den Refugien am Mittelmeer und im Osten an, allen voran Birken und Pinien, gefolgt von Eichen und anderen Laubbäumen (Ulme, Linde, Ahorn und schließlich Buche) sowie von Nadelbäumen (Tanne, Fichte). Je nach dominierender Baumart und je nach Klimaschwankungen lösten verschiedene Wälder einander ab und überzogen Europa mit einer immer dichteren Decke. Während der Klimaerwärmung der „atlantischen Periode" (7500 bis 5000 BP) erreichten die Wälder ihre maximale Ausdehnung. Das Ausmaß ist jedoch nach wie vor weitgehend unbekannt. Es existieren zwei recht plausible Szenarien. Manche Forscher meinen, dass Europa von einem zusammenhängenden Waldgebiet bedeckt war, das abgesehen von der unmittelbaren Umgebung der kontinentalen Gletscher, den Ufern der großen Flüsse, den Flussdeltas, den Sümpfen, einigen zu trockenen Landstrichen und der Meeresküste kaum freie Flächen aufwies. Andere vermuten, dass die Herden der Waldherbivoren (Wisent, Auerochse, Tarpan, Rothirsch) durch das Abfressen von Knospen und Trieben junger Bäume – den sogenannten Verbiss – dafür sorgten, dass halboffene Landschaften mit parkähnlichen Wäldern entstanden, die ein regelrechtes Mosaik aus Wäldern und Wiesen bildeten.

PLEISTOZÄN
Erste erdgeschichtliche Epoche des Quartärs, die von 1,6 Millionen Jahren bis 10 000 Jahren BP dauerte. Sie ist gekennzeichnet durch Wechsel von Warm- und Kaltzeiten auf der Nordhalbkugel, das Aussterben der Riesensäuger sowie die Entwicklung und Verbreitung des modernen Menschen.

MEGAHERBIVOREN
Sehr große pflanzenfressende Säugetiere wie der Elefant, das Flusspferd und das Nashorn sowie das ausgestorbene Mammut und das Wollrhinozeros.

BP
Abkürzung von englisch *before present*; Fachbegriff zur Altersangabe, der sich allgemein auf Datierungen bezieht, die mithilfe von Verfahren zur absoluten Datierung ermittelt wurden und damit eine exakte Zeitangabe erlauben. Ein wichtiges Verfahren ist die Radiokarbon-Methode.

Zwar belegen einige neuere Publikationen, dass die genannten großen Herbivoren dem Wald kaum dauerhaft so massiv zugesetzt haben dürften. Doch gilt es zu bedenken, dass die Regeneration der Wälder Mitteleuropas heute in hohem Maße von der Anzahl der Rothirsche abhängt. Da es keine wirksame Regulierung weder durch ihre natürlichen Feinde wie Bär, Luchs und Wolf noch durch den Menschen gibt, nehmen sie inzwischen überhand und beeinträchtigen die Verjüngungsfähigkeit des Waldes. Ähnliches trifft auf die Elche in den Wäldern des hohen Nordens zu.

Da der Mensch die meisten großen europäischen Raubtiere (Luchs, Bär und Wolf) fast ausgerottet hat, lässt sich kaum sagen, inwiefern sie Verbreitung, Anzahl und Ernährungsgewohnheiten ihrer Beutetiere, der großen Herbivoren, beeinflussten. Unlängst in den USA (Yellowstone) und in Deutschland (Erzgebirge) durchgeführte Studien haben jedoch ergeben, dass in Gebieten, in denen große Karnivoren wie etwa Wölfe zu Hause sind, die Herbivoren ihre Fress- und Wandergewohnheiten ändern. Sie meiden die Lebensräume ihrer natürlichen Feinde, so dass sich dort wieder der Wald ausbreitet.

Die beiden Hypothesen – geschlossenes Waldgebiet versus Parklandschaft – müssen einander nicht zwangsläufig widersprechen. Alle Forscher sind sich darin einig, dass die Bedeutung der großen Herbivoren für die Dynamik des Waldes bislang nicht ausreichend gewürdigt wurde. Der Grund ist, dass ihre Populationen und die Auswirkungen ihrer Aktivitäten nur schwer einzuschätzen sind, weil sie entweder seit Jahrtausenden ausgestorben sind oder vom Menschen stark dezimiert wurden. Man kann sich leicht ausmalen, dass Waldbrände, Stürme, massiver Schneefall oder scharenweise einfallende laubfressende Insekten Bäume absterben ließen und in der Folge das Sonnenlicht bis auf den Waldboden vordringen konnte. Diese natürlich entstandenen Schneisen und Lichtungen im Wald wurden anschließend eine Zeit lang von den großen Herbivoren offen gehalten und trugen dazu bei, dass sich lichthungrige Pflanzen behaupten konnten.

Diese Zeiten sind jedoch längst vorbei. Das Aussehen der europäischen Wälder von heute trägt fast durchweg die Handschrift des Menschen.

↑

Wisente

Bison bonasus

POLEN/BIESZCZADY-NATIONALPARK (KARPATEN)

Der seit Langem fast überall ausgerottete Wisent oder Europäische Bison überlebte im 19. Jahrhundert nur noch als kleine Population im Grenzbereich zwischen Polen und Russland. Dank effizienter Förderprogramme in Zoos konnten in einigen Wäldern in Mittel- und Osteuropa wieder Exemplare ausgewildert werden. Heute werden in Polen, Russland, Weißrussland und in der Ukraine wieder ca. 2400 in freier Wildbahn lebende Tiere gezählt. Die Wisente wurden in ihren ursprünglichen Verbreitungsgebieten neu angesiedelt, wo man ihnen eine bedeutende Rolle beim Erhalt der halboffenen Wälder zugedacht hat. Die Bewahrung solcher Waldtypen ist Teil der Idee von „Rewilding Europe", mit der diese Initiative die hohe Biodiversität solcher Lebensräume fördern will.

Grzegorz Leśniewski

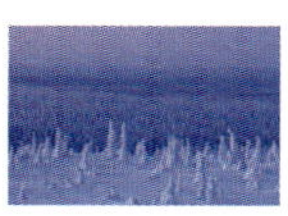

Taiga im Winter

FINNLAND/RIISITUNTURI-NATIONALPARK, LAPPLAND

Die tief verschneite Taiga scheint im bläulichen Winterlicht förmlich im Schnee zu versinken. Im hohen Norden verschwinden Boden und Pflanzen während des ganzen Winters unter enormen Schneemassen. Die in den Wäldern vorherrschenden Fichten sind hervorragend an die großen Schneemengen angepasst. Ihr kompakter, gedrungener Wuchs und ihr stark horizontales Wachstum halten der Schneelast und dem Windabrieb stand. Sobald der Schnee schmilzt, beginnt die Fichte mit der Photosynthese, um die in den nördlichen Breiten sehr kurze Vegetationsperiode zu nutzen.

Sven Začek

Halboffene, extensive Weidelandschaft

RUMÄNIEN/BEI SIRNEA, SÜDKARPATEN

Der Primärwald wurde in dieser Region weitgehend gerodet und in eine halboffene traditionelle Wald- und Weidelandschaft verwandelt. Dieser Landschaftstyp ist in Westeuropa eher selten, in Mittel- und Osteuropa dagegen immer noch auffallend weit verbreitet.

Cornelia Dörr

Rothirsch

Cervus elaphus

DÄNEMARK/KLAMPENBORG, DYREHAVSBAKKEN

Jahrhundertelang glaubte man, der Rothirsch sei ein typisches Waldtier. In zahlreichen Regionen seines derzeitigen Verbreitungsgebiets verbringt er jedoch einen Großteil des Jahres außerhalb von Waldflächen, so etwa in Schilfregionen, Sumpfgebieten oder halboffenen Habitaten.
Die Populationen wurden in der Vergangenheit so weit dezimiert, dass von dem ehemals großen Bestand in allen Teilen Europas nur noch ein Bruchteil vorhanden ist. Dennoch wird der Rothirsch immer noch als größter Feind vieler moderner Waldbauarten angesehen, da er auf der Suche nach Nahrung große Schäden auf Aufforstungsflächen anrichten und das natürliche Nachwachsen von Bäumen verhindern kann. Manche Wissenschaftler behaupten, dass eine dichte Bewaldung in Europa irgendwann unmöglich wurde, weil eine große große Zahl von Pflanzenfressern die Flächen durch ständige Beweidung offen hielt

Florian Möllers

Weißes Waldvöglein

Cephalanthera damasonium

ITALIEN/GARGANO, APULIEN

Im Gegensatz zu den meisten europäischen Orchideenarten, die vor allem an ungeschützten und eher trockenen Standorten gedeihen, zieht das Weiße Waldvöglein Buchenwälder auf kreidehaltigen Böden mit minimalem Bewuchs vor.
Die Pflanze braucht mindestens acht Jahre zum Keimen und noch einmal zwei oder drei Jahre, bis sie zum Blühen kommt.

Claudia Müller

↓

Wald in gemäßigter Zone

TSCHECHISCHE REPUBLIK/KŘINICE, BÖHMEN

Hinter diesem Mischwalds ist das Schwemmland im Tal des Krimsbaches (Křinicky potok) zu sehen.

José B. Ruiz

EIN EUROPA, VIELE WÄLDER

EUROPA ERSTRECKT SICH ÜBER EIN AUSGEDEHNTES GEBIET, DAS EINEN TEIL DER MAKARONESISCHEN INSELN (AZOREN, KANAREN, MADEIRA), ISLAND, DEN EUROPÄISCHEN TEIL RUSSLANDS WESTLICH DES URALS, DEN KAUKASUS, DEN EUROPÄISCHEN TEIL DER TÜRKEI UND DIE MITTELMEERINSELN UMFASST. DIE SEHR DIVERSIFIZIERTEN KLIMATISCHEN BEDINGUNGEN UND VIELGESTALTIGEN RELIEFFORMEN IN DIESEM GEBIET BEGÜNSTIGEN MANNIGFALTIGE WALDVEGETATIONSFORMEN. SIE LASSEN SICH IM WESENTLICHEN DREI ÖKOZONEN ZUORDNEN: DER BOREALEN, DER GEMÄSSIGTEN UND DER MEDITERRANEN ZONE. FÜR DIE AUSPRÄGUNG EINER BESTIMMTEN VEGETATIONSFORM IST ZUDEM DER KONTINENTALITÄTSGRAD AUSSCHLAGGEBEND. ER STEIGT VON WESTEN NACH OSTEN AN. SEHR URSPRÜNGLICHE, DAS HEISST WEITGEHEND UNBERÜHRTE WALDFORMATIONEN GIBT ES VORNEHMLICH AN DEN KÜSTEN DER BINNENMEERE WIE ETWA AM SCHWARZEN MEER UND AUF EINIGEN VULKANISCH GEPRÄGTEN INSELN WIE SIZILIEN, DEN KANAREN UND MADEIRA.

WALDFORMEN LASSEN SICH ZUNÄCHST DURCH IHRE VEGETATION DEFINIEREN, INSBESONDERE DURCH DEN DOMINIERENDEN BAUMBESTAND. SO SPRECHEN WIR BEISPIELSWEISE VON BUCHEN-, EICHEN-, EICHEN-HAINBUCHEN-, FICHTEN- UND TANNENWÄLDERN. DIE ZUSAMMENSETZUNG DER WALDFLORA HÄNGT SEHR STARK VON DEN KLIMATISCHEN BEDINGUNGEN, DER TOPOGRAFIE UND DER BODEN-BESCHAFFENHEIT AB. FÜR DAS TIERREICH TRIFFT DAS WENIGER ZU. EIN NAHELIEGENDER GRUND HIERFÜR IST, DASS PFLANZEN NICHT IN DER LAGE SIND, IHREN STANDORT ZU WECHSELN. DESHALB MÜSSEN SIE SICH STÄRKER ALS DIE TIERE DEN ÖKOLOGISCHEN UND KLIMATISCHEN BEDINGUNGEN ANPASSEN. FÜR DIE CHARAKTERISIERUNG UND BESTIMMUNG VERSCHIEDENER EUROPÄISCHER WALDFORMEN IST ALSO DER JEWEILIGE VEGETATIONSBESTAND ENTSCHEIDENDER ALS DIE FAUNA. DIE VEGETATIONSZONEN SIND IM GROSSEN UND GANZEN DECKUNGSGLEICH MIT DEN NATÜRLICHEN ÖKOZONEN EUROPAS. DIE VERBREITUNG DER TIERE DAGEGEN IST NICHT NUR DAS RESULTAT EINES LANGEN EVOLUTIONS-PROZESSES, SONDERN AUCH DAS ERGEBNIS MENSCHLICHER EINGRIFFE, UND ZWAR STÄRKER, ALS DIES FÜR PFLANZEN GILT.

FEUCHTWÄLDER

ZU DEN FEUCHTWÄLDERN ZÄHLEN NEBEN DEN SOGENANNTEN ALLUVIAL- ODER AUWÄLDERN, DIE AUF FLUSSSCHWEMMLAND wachsen und regelmäßig überflutet werden, die sumpfigen Bruchwälder. Sie bewachsen sehr feuchte, fruchtbare und torfreiche Schwemmböden und werden nur selten, im Falle extremer Flusshochwasser, überflutet.

Feuchtwälder sind relativ weit verbreitet, insbesondere im Donaugebiet. Auch entlang anderer Flüsse in Deutschland, Polen, Weißrussland, Russland, dem Baltikum und der Ukraine gibt es beeindruckende Feuchtwaldgebiete. Die von Schwarzerlen geprägten Bruchwälder finden sich vornehmlich in den großen mitteleuropäischen Ebenen wie etwa im polnischen Warthetal.

Von den borealen bis zu den mediterranen Regionen und von den Atlantikküsten bis zu den Grenzen Russlands prägen die Auwälder das Landschaftsbild. Sie ziehen sich in langen Korridoren von kleinen Gebirgstälern bis hinein in die großen Flusstäler und die Deltas einiger Flüsse. Ihre Physiognomie unterscheidet sich stark von Wäldern, die nicht auf Schwemmböden wachsen. Flussaufwärts bilden die Wasserläufe Nebenarme und Inseln aus und wechseln relativ häufig – im Bereich von Jahrzehnten – das Flussbett, während sich flussabwärts große Mäander mit sehr viel stabilerem Verlauf bilden.

Auwälder wachsen an Flussufern, auf Flussterrassen und Inseln. Sie meiden die sogenannten konvexen Ufer, an denen sich Material wie Sand und Kies ablagert. Denn diese stehen häufig längere Zeit unter Wasser. In Sümpfen und Mooren sind Auwälder genauso wenig zu finden wie in toten Flussarmen, es sei denn, diese füllen sich gerade mit Wasser. In dem Fall entstehen Bruchwälder.

Die Auwälder der gemäßigten Zone zeichnen sich durch Baumarten aus, die im Winter ihr Laub abwerfen und im folgenden Frühjahr neues Laub ausbilden. Man unterscheidet im Wesentlichen zwei Auwald-Typen. Die Weichholzaue mit Weiden und Pappeln findet sich in Uferrandzonen und in Bereichen, die längeren Überschwemmungsperioden ausgesetzt sind. Die Hartholzaue mit Eschen, Ulmen, Eichen, Pappeln, großen Klettergewächsen und dichtem Unterwuchs dagegen ist auf den Flussterrassen anzutreffen. Mediterrane Alluvialwälder unterscheiden sich in ihren Charakteristika ein wenig von ihren mitteleuropäischen Verwandten. Während im westlichen Mittelmeerraum Silberpappeln (*Populas alba*) und Eschen (*Fraxinus sp.*) in Hartholzauen dominieren, finden sich in den Flussuferwäldern des Ostens vornehmlich Oleander (Nerium oleander) und Morgenländische Platanen (*Platanus orientalis*). Die weniger artenreichen Bruchwälder werden hier von der Schwarzerle (*Alnus glutinosa*) bestimmt.

Au- und Bruchwälder unterscheiden sich von anderen Waldökosystemen durch ihre starke Abhängigkeit von den hydrologischen Gegebenheiten. Insbesondere Auwälder sind von ober- wie auch unterirdischen Wasserpegelständen stark beeinflusst. Steigt das Wasser mehrere Wochen lang an, sind die Wurzeln für diesen Zeitraum geflutet, und den Pflanzen fehlt es vorübergehend an Sauerstoff. Zwar halten viele Individuen das aus, doch die Selektion ist gnadenlos. Insbesondere wenn es am Beginn des Sommers zu Überschwemmungen kommt und die Pflanzen in voller Blüte stehen, überleben viele nicht. Gute Chancen, die Belastung einer solchen Überschwemmung zu überstehen, haben Pflanzen, die hinsichtlich Aufbau und Stoffwechsel gut angepasst sind. Es ist zudem von Vorteil, wenn die Schwemmböden durchlässig sind. Sinkt das Grundwasser einigermaßen rasch, beginnt die Luft nach dem Rückgang des Schwemmwassers schnell wieder zu zirkulieren und die Pflanzen können die **PHOTOSYNTHESE** wieder aufnehmen.

Überschwemmungen sind für Auwälder von größter Wichtigkeit. Sie lagern mineralhaltige Sedimente ab und versorgen die Pflanzen während der Vegetationsperiode mit reichlich Feuchtigkeit. Das Wasser düngt den Wald und sorgt für den Weitertransport von Insekteneiern, organischem Material und Pflanzensamen. Die Luftfeuchtigkeit steigt, wodurch die negativen Auswirkungen der für europäische Sommer typischen Trockenperioden minimiert werden.

Baumarten wie die Buche, die Hainbuche oder Nadelhölzer vertragen einen vorübergehenden Sauerstoffmangel nur schlecht, insbesondere wenn die Überschwemmungen im Sommer stattfinden. In Auwäldern finden sie sich aus diesem Grund nur sehr selten, im Gegensatz zu Eichen, Eschen, Pappeln, Weiden und Ulmen. Im Übrigen sind Buchen und Hainbuchen aufgrund ihres dichten Laubwerks Schattenspender und würden dem Auwald eher schaden. Denn Licht ist für die überschwemmten Unterholzzonen des Laubwalds von großer Wichtigkeit. Manchmal werden sie deswegen auch „Lichtwälder" genannt.

Manche Auwälder sind für europäische Verhältnisse außergewöhnlich hell, feucht und nährstoffreich. Das gilt vor allem für die Wälder am Oberrhein, an der oberen Donau, der südlichen Rhône und den Nebenflüssen des Po, die auf ihren höher gelegenen Flussterrassen meist sehr gemäßigte Überschwemmungen erleben. In allen vertikalen Schichten des Waldes besteht ein derartiger Reichtum an Pflanzenarten, dass man gelegentlich von einem „Auwald-Dschungel" spricht. Die Bezeichnung spielt auf die vielen verschiedenen Holzpflanzen an, die etwa 15 bis 20 Prozent der Gesamtvegetation ausmachen und besonders zahlreich in den unteren Waldschichten sind.

PHOTOSYNTHESE
Siehe Seite 27.

↑

Efeuberankte Stieleiche

Quercus robur und *Hedera helix*

BOSNIEN-HERZEGOWINA/NATURPARK HUTOVO BLATO

Laubabwerfende Bäume wie Esche und Eiche sowie lorbeerblättrige Pflanzen wie Efeu, Buchsbaum und Stechpalme reagieren empfindlich auf mangelnde Luftfeuchtigkeit. Daher leiden sie unter den trockenen Sommern im Mittelmeerraum. In Gebirgsschluchten, die sich dem Einflussbereich des Menschen weitgehend entziehen und häufig über tiefe Oberböden verfügen, herrschen aufgrund der geographischen Abgeschlossenheit und des Grundwasservorkommens allerdings so konstante Feuchtigkeitswerte, dass Laubbäume und Kletterpflanzen wie der Efeu hier ungewöhnliche Größen erreichen.

Elio Della Ferrera

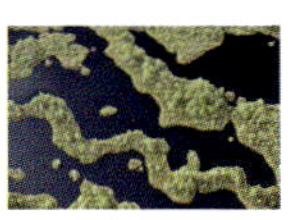

Moorgebiet

LETTLAND/KEMERI-NATIONALPARK, RIGAISCHER MEERBUSEN

Der 1997 gegründete Kemeri-Nationalpark erstreckt sich über eine Fläche von 380 Quadratkilometern an der Küste des Rigaischen Meerbusens. Hier finden sich viele für Feuchtzonen typische Landschaftsformen: Moorwälder mit Schwarzerlenbeständen, trockene Kiefernwälder, Seen, Sumpf- und Moorgebiete sowie Fließgewässer. Der Kemeri-Nationalpark ist weltweit für seinen Reichtum an Nist- und Zugvogelarten bekannt. Dazu gehören so seltene Spezies wie die Doppelschnepfe und der Schwarzstorch.

Diego López

Moorgebiet

LETTLAND/KEMERI-NATIONALPARK, RIGAISCHER MEERBUSEN

In den Mooren des Kemeri-Nationalparks haben nur einige wenige Baumarten wie die Moorbirke (*Betula pubescens*) und die Gemeine Kiefer (*Pinus sylvestris*) auf den Inseln mit trockeneren Böden überlebt. Da sich jedoch der Wasserspiegel im Laufe der Zeit etwas gesenkt hat, kann sich nun eine wachsende Anzahl von Baumarten in diesem extremen Lebensraum durchsetzen.

Diego López

Nachtreiher

Nycticorax nycticorax

FRANKREICH/AM UFER DES ALLIER, PONT-DU-CHÂTEAU, AUVERGNE

Der Nachtreiher ist ein untersetzter Vogel von mittlerer Größe, mit vergleichsweise dickem Hals und kurzen Beinen. Sein Federkleid ist grau, schwarz und weiß. Er nistet und ruht vornehmlich in dichten Baumbeständen. Er ist vor allem in der Nacht bzw. in der Dämmerung aktiv. Dann geht er auf Nahrungssuche. Er bevorzugt kleine Fische, Insekten und Würmer. Die Tage verbringt er im Geäst wassernaher Bäume, meist in kleineren Gruppen. Ein Großteil der europäischen Population überwintert in der Südsahara. Der Nachtreiher ist auf waldige und durchgehend feuchte Brut-, Rast- und Winterhabitate angewiesen.

Florian Möllers

Auenlandschaft

MONTENEGRO/IN DER NÄHE VON DODJOSI, NATIONALPARK SKUTARISEE

Der zwischen Montenegro und Albanien gelegene Skadarsee gehört mit einer Ausdehnung von 370 bis 530 Quadratkilometern – je nach Wasserstand der einmündenden Flüsse – zu den größten Seen des Balkans. Sein riesiges Überschwemmungsgebiet ist ein wichtiger Lebensraum für Vogelarten wie Enten und Reiher, die hier in großer Zahl nisten und überwintern. Sehr typisch ist der Krauskopfpelikan (*Pelecanus crispus*). Den Skadarsee säumen Wälder aus Eichen und Buchen oder Ulmen.

Milán Radisics

Europäische Sumpfschildkröte

Emys orbicularis

SERBIEN/SPEZIALRESERVAT GORNJE PODUNAVLJE (OBERE DONAU)

Die Europäische Sumpfschildkröte ist eine der beiden einzigen europäischen Wasserschildkrötenarten. Sie zählt zu den Fleischfressern und ernährt sich von Muscheln, Wasserinsekten, Fischkadavern sowie anderen Amphibien. Von Oktober bis März hält sie Winterruhe in ruhigen Wasserzonen, die reich an Vegetation und Totholz sind und dadurch stabile Temperaturverhältnisse gewährleisten. Der Mensch bejagte die Europäische Sumpfschildkröte lange Zeit wegen ihres Fleischs. Zusätzlich verschwinden aufgrund von Flussbegradigungen und Trockenlegungen von Feuchtgebieten ihre Lebensräume. Daher sind die Populationen seit Beginn des 19. Jahrhunderts in einem Großteil des ursprünglichen Verbreitungsgebiets dramatisch geschrumpft. Inzwischen ist die Spezies nahezu überall vom Aussterben bedroht. Verschiedene Programme wurden initiiert, die sich sowohl dem Schutz der Habitate als auch der Wiederansiedlung der Europäischen Sumpfschildkröte widmen.

Ruben Smit

↓

Weiße Seerose

Nymphaea alba

SCHWEDEN/BOHUSLÄN

Die Seerosenarten der Gattung *Nymphaea* gedeihen in ruhigen Flussarmen. Ihre Wurzeln sind auf dem Grund fest verankert. Sie bilden lange Blattstiele aus und verteilen ihre großen Schwimmblätter auf der Wasseroberfläche. Dazwischen leuchten ihre strahlend weißen Blüten.

Magnus Lundgren

In Auwäldern finden sich nicht nur junge Bäume, die dem Dach des Waldes entgegenstreben wie Ulmen, Eschen, Eichen und Silberpappeln, sondern auch der kleinere Apfelbaum, die Wildbirne, die Vogelkirsche, Ahorne und eine Vielzahl an Strauchgewächsen. Dank der üppigen Ressourcen hält sich der Überlebenskampf unter den Pflanzen in Grenzen. Die Folge sind ein großer Artenreichtum und eine große Individuendichte. Charakteristisch für die Auenwaldvegetation in den großen Flussebenen sind die ungewöhnlichen, bisweilen rekordartigen Ausmaße einiger Bäume. Schwarz- und Silberpappeln können in weniger als 100 Jahren 35 bis 40 Meter Höhe erreichen, der Holzapfelbaum in 50 Jahren 20 Meter und manche Strauchgewächse wie der Weißdorn, der oft nur einen einzigen Stamm ausbildet, im selben Zeitraum 15 Meter. Die Waldrandzonen zwischen Wald und Wasserlauf werden von einem dichten Netz aus Klettergewächsen bedeckt wie Hopfen, Efeu, Waldrebe und Wilder Wein, vergleichbar mit denen tropischer Regenwälder. Sie sorgen für eine effektive Reinigung des über die Ufer tretenden Wassers.

So wie die Fließgewässer für Produktivität und Artenreichtum der Auwälder von enormer Wichtigkeit sind, haben die Auwälder ihrerseits großen Einfluss auf die Biodiversität des jeweiligen Gewässers. So fällt beispielsweise regelmäßig Totholz von den Uferbäumen an. Die mitunter sehr großen Äste und Stämme werden flussabwärts transportiert. Auf diese Weise können große Holzansammlungen entstehen. Wenn der Mensch sie nicht entfernt, kommt es unter Umständen zu beträchtlichen Rückstauungen, in deren Folge Auwälder zu Bruchwäldern werden. Aber nichts ist von Dauer in den großen Ebenen: Ein Hochwasser – und alles kann sich ändern.

Totholz bleibt im Wasser jahrzehntelang intakt und bietet zahllosen wirbellosen Wassertieren einen idealen Ort für die Eiablage und deren Fressfeinden eine wichtige Nahrungsquelle. Erreicht das Treibholz schließlich das Meer, wird es von der Strömung erfasst und ans Ufer gespült. An den Stränden der Ostsee und im Rhône-Delta sammeln sich auf diese Weise große Holzmengen an. Sie schützen die Küsten vor Erosion und bieten verschiedenen holzzersetzenden Lebewesen Nahrung.

Die Tierwelt passt sich auf unterschiedliche Art und Weise an das Leben im alluvialen Milieu an. Auf dem Boden lebende Wirbellose flüchten bei Hochwasser zum Beispiel auf nahe gelegene Bäume oder fliegen davon. Laufkäfer (**CARABIDAE**) zeigen in Auwäldern bessere Flugfähigkeiten als in Wäldern mit trockenen und festen Böden. Andere Arten wiederum siedeln sich in Baumrindenspalten an statt auf dem Boden oder können sogar unter Wasser überleben.

Feuchtwälder bieten auch Vögeln viele verschiedene Lebensräume. Sie besiedeln die Flussufer, den Wald, das Röhricht, das Moor und die verschiedenen Waldrandzonen. Etwa 62 Prozent aller europäischen Waldvogelarten nisten hier oder machen regelmäßig Zwischenstation. Das ist eine außergewöhnlich hohe Anzahl. Aufgrund ihrer hohen Primärproduktivität und der besonderen Eigenschaften ihrer Vegetationsschichtung sind in den Auwald-Dschungeln häufiger nistende Vögel anzutreffen als in anderen europäischen Wäldern mit trockenen Böden. Das breitere Spektrum an Habitaten erleichtert das Zusammenleben der verschiedenen Arten enorm. Die üppige Vegetation der unteren Waldstockwerke wird insbesondere von Vogelarten bevorzugt, die kleine Bäume und Strauchgewächse als Lebensraum bevorzugen. Dazu gehören die Kohlmeise (*Parus major*) und die Singdrossel (*Turdus philomelos*).

Die aufgrund der unterschiedlichen Baumhöhen heterogene Architektur des Kronendachs zieht den Grauschnäpper (*Muscicapa striata*), den Kernbeißer (*Coccothraustes coccothraustes*) und den Pirol (*Oriolus oriolus*) an. Eine weitere Besonderheit der Auwälder ist es, dass hier auch Vögel vorkommen, die normalerweise in Nadelwäldern leben wie der Schwarzspecht (*Dryocopus martius*) und das Sommergoldhähnchen (*Regulus ignicapillus*) oder in kühleren Gebirgsregionen wie der Waldbaumläufer (*Certhia familiaris*). Zurückzuführen ist die Ansiedlung dieser Vögel vermutlich auf die großen Vorkommen des Gemeinen Efeus (*Hedera helix*), der viele Baumstämme dicht umwuchert. Seine zahlreichen Früchte, die zwischen Januar und April reifen, ernähren zudem unzählige Zugvögel, die im Verbreitungsgebiet der Auwälder überwintern. So werden jeden Winter scharenweise Wacholderdrosseln (*Turdus pilaris*) und Rotdrosseln (*Turdus iliacus*) beobachtet. Nicht zuletzt bietet der Efeu Frühbrütern wie Ringeltaube (*Columba palumbus*) und der Amsel (*Turdus merula*) Beeren als Nahrung. Vom Saft und Harz des Efeus ernährt sich der Buntspecht (*Dendrocopos major*).

Weitere Vogelarten nisten auf den weitläufigen Schlamm-, Sand- und Kiesflächen der konvexen Flussufer, so zum Beispiel der Flussregenpfeifer (*Charadrius dubius*) oder die Fluss-Seeschwalbe (*Sterna hirundo*). Andere Spezies nisten auf den Abbruchkanten der konkaven Ufer, die winzigen Steilküsten ähneln, etwa die Uferschwalbe (*Riparia riparia*) oder der Eisvogel (*Alcedo atthis*).

CARABIDAE
Siehe Seite 65.

Europäischer Wels während der Laichperiode

Silurus glanis

SPANIEN/EBRO

Mit einer Länge von bis zu drei Metern und einem Gewicht von bis zu 150 Kilogramm handelt es sich bei dem Europäischen Wels um den größten Süßwasserraubfisch Europas. Sein Lebensraum sind flache Seen und Flüsse wie der Po, der Ebro, der Rhein und die Elbe. Tagsüber versteckt sich dieser Fisch zwischen Totholz oder in Uferhöhlen, nachts begibt er sich auf die Jagd. Dabei profitiert er von einem exzellenten Gehör, seinen sechs Barteln, Elektrorezeptoren und speziellen Sensoren, mit deren Hilfe er die durch ein Beutetier hervorgerufenen Wasserbewegungen bereits auf eine Entfernung, die der 50-fachen Länge des jeweiligen Tiers entspricht, registrieren kann.

Michel Roggo

Altarm der Donau am frühen Morgen

SERBIEN/SPEZIALRESERVAT GORNJE PODUNAVLJE (OBERE DONAU)

Das Landschaftsschutzgebiet von Gornje Podunavlje erstreckt sich über einen Teil der Donauauen in Serbien. In den dortigen Wäldern finden sich noch sehr beeindruckende Exemplare von Stieleichen in Gemeinschaft mit Eschen und Pappeln. Innerhalb eines Jahrhunderts erreichen die Bäume hier Rekordausmaße, vor allen Dingen aufgrund der guten Nährstoff- und Wasserversorgung während der gesamten Vegetationsperiode. Holzraub und Kahlschlag stellen jedoch eine ernsthafte Bedrohung für dieses noch immer nicht ausreichend geschützte Ökosystem dar.

Ruben Smit

Wildschwein

Sus scrofa

SERBIEN/SPEZIALRESERVAT GORNJE PODUNAVLJE (OBERE DONAU)

Wildschweine sind exzellente Schwimmer und überqueren Wasserläufe mit Leichtigkeit. Darüber hinaus nutzen sie niedrige Wasserstände in Flachmooren, um an Wasserpflanzen zu kommen. Das arttypische Suhlen ist insbesondere an heißen Sommertagen zur Regulierung der Körpertemperatur wichtig, da Wildschweine keine Schweißdrüsen besitzen. Löst sich der getrocknete Schlamm, werden eingekapselte Parasiten gleich mit entsorgt.

Ruben Smit

Eisvogel

Alcedo atthis

UNGARN/IN DER NÄHE VON BALATONFŰZFŐ, PLATTENSEE

Eisvögel sind hoch spezialisierte Fischjäger. Nachdem er seine Beute von einer Warte aus lokalisiert hat, vorzugsweise aus einem 90-Grad-Winkel, lässt er sich fallen und stürzt sich ins Wasser. Der Eisvogel erbeutet Elritzen, Gründlinge, Ukeleien und andere Weißfische, verschmäht jedoch auch Krebstiere, Insekten oder kleine Frösche nicht. Sein rascher Flug lässt dem Betrachter kaum Zeit, das elegante blau-orangefarbene Federkleid zu bewundern. Jedoch erkennt man ihn an den kurzen und durchdringenden Rufen, die er während des Fluges ausstößt. Der ausschließlich tagaktive Vogel fliegt nicht selten haaresbreit über der Wasseroberfläche und steigt kaum je höher als einen Meter. Er nistet im Ufersediment, wo er eine Bruthöhle gräbt. Eisvogelpopulationen leiden unter Kanalbauten und Uferbegradigungen, die nicht nur zu einer Verkleinerung der Habitate, sondern auch zu einem Rückgang der Fischvorkommen führen.

László Novák

Erlenbruchwald

Alnus sp.

DEUTSCHLAND/NATURSCHUTZGEBIET GROSSER UND KLEINER ROHRPFUHL, BERLIN

Dieser Erlenbruch befindet sich nicht in einem „wilden" Überschwemmungsgebiet eines Flusses wie etwa der kroatischen Sava, sondern in Berlin. Bereits 1933 zum Naturschutzgebiet erklärt, lagen die beiden Rohrpfuhle während der Zeit der Berliner Mauer unmittelbar am Grenzstreifen und wurden 2000 zu einem „Natura 2000"-Schutzgebiet erklärt. Dem Förster obliegt die Kontrolle der Wasserstände, von denen auch der Schutz zweier hier brütender Kranichpaare abhängt. Bei zu niedrigen Pegelständen würden sie unter Umständen von Räubern wie dem Fuchs oder Wildschweinen behelligt.

Florian Möllers

Seefrosch

Pelophylax ridibundus (früher *Rana ridibunda*)

MAZEDONIEN/GROSSER PRESPASEE, GRENZÜBERSCHREITENDER PARK PRESPA

Der Seefrosch verbringt das ganze Jahr über in Wassernähe: in Tümpeln, aber auch in Reisfeldern und Baggerseen sowie in eutrophen Gewässern, die sich durch große Nährstoff- und geringe Sauerstoffvorkommen auszeichnen. Zudem siedelt er sich an den Ufern großer Flussläufe an. Die Weibchen laichen zwischen Mai und Juni, bisweilen auch erst im Juli, was abhängig von den Überschwemmungsperioden ist. Der Seefrosch überwintert überwintert unter Wasser im Uferbereich.

David Maitland

Pirol-Männchen

Oriolus oriolus

BULGARIEN/NIKOPOL, NATURPARK PERSINA

Der Pirol ist in den Wäldern der gemäßigten Zone sowie im Mittelmeerraum verhältnismäßig weit verbreitet. Aufgrund seines grellgelben – beim Weibchen jedoch weniger intensiv gefärbten – Federkleids und seines melodiös flötenden Gesangs, der mit einem charakteristischen Krächzen abrupt endet, ist er mit anderen Vogelarten kaum zu verwechseln. Der Pirol lebt in den oberen Schichten von Laubwäldern und ernährt sich in erster Linie von Käfern, Eichenwickler- und Schmetterlingsraupen, Blattläusen, Hummeln und Spinnen, aber auch von Früchten.

Dietmar Nill

Die großen Flusstäler sind genau wie die Flussdeltas wichtige Durchgangsstationen für viele Zugvögel, die den drei großen europäischen Wanderungsrouten folgen. Sie verlaufen entlang der Küstenlinien von Nord- und Ostsee sowie über Mitteleuropa und den Balkan. Mit zahlreichen Flussarmen, süßwasser- und salzwasserhaltigen Seen sowie Sümpfen, Dünen und Auwäldern bilden Flussdeltas für die Vogelfauna einen wertvollen Lebensraum. Zwischen 250 und 300 Brut- und Zugvogelarten wurden im rumänischen Donaudelta, im französischen Rhône-Delta und im griechischen Nestos-Delta gezählt.

Der Lebensraum Feuchtwald ist ohne den Europäischen Biber (*Castor fiber*) und den Fischotter (*Lutra lutra*) kaum denkbar. Beide Säugetierarten besiedeln bevorzugt die Uferbereiche von Fließgewässern. Der Biber gilt als Ingenieur unter den Nagetieren. Die Burgen, Dämme und Kanäle, die er baut, sind wahre Meisterleistungen. Er bevorzugt langsam fließende Wasserläufe mit lockeren baumreichen Ufern und ernährt sich vorwiegend von Kräutern sowie den Blättern und der Rinde von Weichhölzern. Als Wohn- und Nistplatz gräbt er einen unterirdischen Erdbau ins Ufer, wobei der Eingang unter dem Wasserspiegel liegt. Wenn das Ufer für den Bau zu flach ist, wird eine Burg aus Ästen und Zweigen aufgeschichtet. Lange hieß es, dass die Bauten der Biber, die innerhalb der Ökosysteme aller **UFERWÄLDER** eine Schlüsselrolle spielen, zur Überflutung wirtschaftlich genutzter Wälder führen würden. Das Resultat war seine unerbittliche Verfolgung. Auch wegen des begehrten Fells wurden im Laufe der Geschichte die Biberpopulationen stark dezimiert. Schließlich lebten am Ende des 19. Jahrhunderts nur noch wenige Exemplare in Russland. Die Tiere konnten allerdings in weiten Teilen Europas wieder erfolgreich angesiedelt werden.

Außer dem Fischotter kommen in Alluvialwäldern noch eine Reihe weiterer Marderarten vor, darunter das Hermelin (*Mustela erminea*) und der Iltis (*Mustela putorius*) sowie einige nordamerikanische Arten, die vom Menschen eingeführt wurden. Zu ihnen gehören der Amerikanische Nerz (*Mustela vison*), auch Mink genannt, und die Bisamratte (*Ondatra zibethicus*).

Amphibien gibt es in Alluvialwäldern in Hülle und Fülle. Sie leben in den Tümpeln, die nach den Überschwemmungen zurückbleiben. Ein typischer Vertreter dieser Klasse ist die Gelbbauchunke (*Bombina variegata*). Der Springfrosch (*Rana dalmatina*) und der Teichmolch (*Triturus vulgaris*) bevorzugen als Lebensraum permanente Stillgewässer, während der Grasfrosch (*Rana temporaria*) auf dem feuchten Boden des Uferwalds lebt.

UFERWÄLDER
Vegetationsform, die an den Ufern von Wasserläufen oder anderen Gewässern in der Übergangszone zwischen Wasser und Land gedeiht. Je nach Standort und Wasservorkommen wachsen in unmittelbarer Ufernähe Weide, Erle und Esche und etwas höher gelegen Ahorn und Ulme, während im oberen Uferbereich Stieleiche und Hainbuche gedeihen.

BOREALE NADELWÄLDER

ZWEI WICHTIGE NORD-EUROPÄISCHE ÖKOZONEN (BIOME) ERSTRECKEN SICH ZWISCHEN DEM 56. UND 66. GRAD NÖRDLICHER BEITE: die subpolare **TUNDRA** unterhalb des Polarkreises und der boreale Nadelwald, auch **TAIGA** genannt, südlich davon. Charakteristisch für die Tundra sind die sogenannten **PERMAFROSTBÖDEN**, die ab einer gewissen Tiefe ganzjährig gefroren sind. Die Vegetation besteht aus Moosen, Flechten und Sträuchern. Südlich der Permafrostgrenze wachsen boreale Nadelwälder auf sehr nährstoffarmen Böden. Von West nach Ost, entsprechend dem Anstieg des Kontinentalitätsgrads, verändern sich die ökologischen Bedingungen: Zwischen Island und dem europäischen Norden Russlands vergrößern sich die Temperaturunterschiede, die Sonnenscheindauer nimmt zu und die Niederschläge gehen zurück. In der Folge sind die Wälder des Ostens produktiver.

Die niedrigen Temperaturen in dieser Ökozone sorgen für eine eingeschränkte Wasserverdunstung, weswegen es hier zahlreiche Seen und Moore gibt. Mit Fichten, Kiefern und Tannen dominieren Nadelbäume, die den kalten langen Wintern gut standhalten. Ihre konische Form sorgt dafür, dass der Schnee gut abrutscht, so dass die Äste unter seinem Gewicht nicht abbrechen. Die Nadeln sind mit einer wachsartigen Schicht überzogen, die vor Frost schützt und die Wasserverdunstung reduziert, während die grüne Färbung die Absorption des Sonnenlichts sicherstellt. Eine Nadelbaumart, die ihre Nadeln verliert, ist die Sibirische Lärche. Mit Birken (*Betula*), Mehlbeeren (*Sorbus*), Zitterpappeln (*Populus tremula*), Schwarzerlen (*Alnus glutinosa*) und Haselgewächsen (*Corylus*) sind durchaus auch Laubbäume in der Taiga vertreten.

Die unterschiedlichen klimatischen Bedingungen innerhalb der borealen Zone erklären die unterschiedliche Zusammensetzung der Arten: Während im Westen die Gemeine Fichte dominiert (*Picea abies*), gefolgt von der Gemeinen Kiefer (*Pinus sylvestris*), hat sich im Osten die Sibirische Fichte (*Picea obovata*) am weitesten verbreitet. Im Westen Russlands finden sich daneben noch zwei asiatische Spezies, die Sibirische Lärche (*Larix sibirica*) und die Sibirische Tanne (*Abies sibirica*).

Die borealen Nadelwälder sind sehr viel reicher an Moos- und Flechtenarten als die Wälder der gemäßigten Zone mit Ausnahme der gemäßigten Regenwälder. Man findet hier Moose und Flechten im Überfluss, die Baumstämme und Äste bewachsen. Sie zählen zu den **EPIPHYTEN**, den Aufsitzerpflanzen, die sich dadurch auszeichnen, dass sie ausschließlich auf anderen Pflanzen wachsen, ohne sich jedoch parasitär von ihnen zu ernähren. Je älter ein Baum ist, desto stärker ist der Bewuchs mit Moosen und Flechten insbesondere in den Spalten der Borke, wo sich die Feuchtigkeit gut hält. Epiphyten sind in Europa generell verhältnismäßig wenig verbreitet. Sie bevorzugen ein Klima mit höherer Luftfeuchtigkeit.

ÖKOZONE/BIOM
Die Gesamtheit aller Ökosysteme, die ein bestimmtes biogeographisches Areal auszeichnen. Die Eigenschaften einer Ökozone sind Ausdruck der jeweils vorherrschenden ökologischen Bedingungen innerhalb eines großen geographischen Gebiets.

TUNDRA
Von Moos und Flechten sowie einigen Graspflanzen und Birken bewachsene arktische Steppe mit geringen Niederschlagsmengen und niedrigen Temperaturen. Im wärmsten Monat steigen die Temperaturen nicht über 10 Grad Celsius, und nur zwei bis drei Monate im Jahr sind frostfrei.

TAIGA
Siehe Seite 128.

PERMAFROSTBODEN
Ganzjährig gefrorener Boden. Derzeit bedeckt er etwa 20 Prozent der Erdoberfläche.

EPIPHYTEN
Siehe Seite 173.

Donaudelta

RUMÄNIEN

Das Donaudelta und die Lagune von Razim-Sinoe erstrecken sich über eine Fläche von 442 000 Hektar entlang der rumänischen Schwarzmeerküste. Nach dem Wolgadelta handelt es sich um das zweitgrößte Feuchtgebiet Europas. Das Delta besteht aus drei Armen, zwischen denen sich ausgedehnte Süßwasserlandschaften, Sandinseln, Dünen, Sumpfgebiete mit Röhricht sowie Weich- und Hartholzauen erstrecken. Aufgrund der ökologischen Bedeutsamkeit dieses Raums finden sich hier viele Biosphären- und Naturreservate sowie Gebiete, die durch die Ramsar-Konvention geschützt sind.

Manuel Presti

Fischotter

Lutra lutra

POLEN/BIESZCZADY-NATIONALPARK (KARPATEN)

Jahrhundertelang wurde der Fischotter als Bedrohung für die Fischbestände in Flüssen, Seen und Fischzuchtanlagen angesehen. Das schöne glänzende Fell des Tiers trug ein Übriges zu dessen gnadenloser Verfolgung bei. Schutzkampagnen in den 1980er und 1990er Jahren, Habitat-Restaurierungen sowie strenge Jagdverbote haben zur allmählichen Rückkehr des Wassersäugers in seine ehemaligen Lebensräume beigetragen. Sogar in Städten wie Berlin breitet sich die Art weiter aus. Der Fischotter ist auf der Roten Liste der gefährdeten Arten der Internationalen Union für die Bewahrung der Natur und natürlicher Ressourcen als „gering gefährdet" eingestuft, da er in einigen Teilen seines natürlichen Verbreitungsgebiets nicht mehr anzutreffen ist.

Grzegorz Leśniewski

Birkhähne

Tetrao tetrix

SCHWEDEN/BERGSLAGEN

Das Birkhuhn bevorzugt als Lebensraum lichte Nadel- und Birkenwälder in der borealen Zone sowie in gemäßigten Gebirgsregionen. Die Mehrheit der Populationen sind in Fennoskandinavien und Russland heimisch. Zur Balzzeit führen Birkhähne ritualisierte Schaukämpfe auf. Sie spreizen die Flügel, sträuben die Schwanzfedern mit nach vorn geneigtem Körper und zeigen ihr weißes Unterschwanzgefieder.
Dabei stoßen sie tiefe, weithin zu hörende kollernde Laute aus, die von Zischgeräuschen unterbrochen werden. Zu echten Kämpfen kommt es jedoch nicht. Im Anschluss wählen die Hennen ein Männchen zur Paarung.

Erlend Haarberg

Naturbelassener Nadelwald

FINNLAND/OULANKA-NATIONALPARK, KUUSAMO, NORDÖSTERBOTTEN

Der Fluss Oulanka in Nordfinnland ist ein intaktes alluviales Ökosystem. Die Nadelwälder sind unberührt. Jene, die in Flussnähe wachsen, sind reich an Totholz, das dem im Winter teilweise zufrierenden Oulanka stetig zugeführt wird. Das Gebiet beherbergt zahlreiche Brutvogelarten. Auf einer Fläche von 270 Quadratkilometern bildet es den geschützten Oulanka-Nationalpark. Gegründet 1956, wurde er im Laufe der 1980er Jahre bis an die russische Grenze ausgedehnt.

Sven Začek

Raufußkauz

Aegolius funereus

SCHWEDEN/BERGSLAGEN

Die kleine boreale Eulenart bevorzugt die alten, von Nadelbäumen dominierten Mischwälder Nordeuropas und die europäischen Gebirgsregionen der gemäßigten Zone. Meist nistet der Vogel in verlassenen Schwarzspechthöhlen. Die Abhängigkeit des Raufußkauzes von dieser Spechtart ist so groß, dass seine Populationsdichte mit der des Schwarzspechts korreliert. Der Fortpflanzungserfolg hängt vom Nahrungsaufkommen ab. Wenn kleine Säugetiere rar sind, legen viele Weibchen wenige oder gar keine Eier.

Peter Cairns

Rentiere in der Tundra

Rangifer tarandus

NORWEGEN/FOROLLHOGNA-NATIONALPARK

Das Rentier ist eine Hirschart, die sowohl in der offenen Taiga als auch in der Tundra lebt. Während des Sommers unternimmt es ausgedehnte Wanderungen. Die wildlebenden Tiere sind an sehr kärgliche Nahrung im Winter gewöhnt. Sie fressen Flechten und Moose, die sie mit den Hufen unter dem Schnee hervorscharren. Im Brunftmonat Oktober kämpfen die Männchen miteinander, um einen Harem um sich zu sammeln und sich mit möglichst vielen Weibchen zu paaren. Im norwegischen Forollhogna-Nationalpark findet sich eine der letzten europäischen Wildren-Populationen.

Vincent Munier

Krautweide in der Tundra

Salix herbacea

ISLAND/THINGEYJARSYSLUR

Die harschen klimatischen Bedingungen in der Arktis verhindern ein starkes Wachstum holziger Pflanzen. Nur bestimmte, sehr kleine Weidenarten besiedeln die offene Tundra, so zum Beispiel die Krautweide (*Salix herbacea*). Neben dem winzigen Baum gedeihen in dieser Region nichtverholzende, krautige Pflanzen, die dank ihres robusten Baus und ihres Kriechwuchses gut gegen die Kälte geschützt sind. Nur wenige Blumen blühen hier während der kurzen Vegetationsperiode. Diese allerdings zeichnen sich durch eine besonders intensive Farbgebung aus. Sie sorgt für eine bessere Absorption des in diesen Breiten so wertvollen ultravioletten Lichts.

Daniel Bergmann

Schwarzerlenwald

Alnus glutinosa

LETTLAND/KEMERI-NATIONALPARK, RIGAISCHER MEERBUSEN

Die unregelmäßige Struktur des Kronendachs in der sumpfigen Waldlandschaft mit ihren großen, abgestorbenen Bäumen ist ein Zeichen für den guten Erhaltungszustand dieses nordeuropäischen Waldes.

Diego López

Kälte und Säuregrad der Böden begrenzen die Aktivität von Bakterien und damit die Mineralisierung organischer Biomasse. Deswegen sind die borealen Nadelwälder sehr reich an Totholz und verfügen über reichhaltige, tiefe **HUMUS**-Auflagen, in denen die Nährstoffe gebunden sind. Bäume wachsen hier um ein Vielfaches langsamer als in fruchtbareren Regionen und erreichen selten große Höhen. Trotzdem können sie mit bis zu mehreren Jahrhunderten sehr alt werden.

Aufgrund des Nährstoffmangels leben ganze 70 bis 80 Prozent der Pilz- und Pflanzenarten in der Taiga in **SYMBIOSEN** und bilden **MYKORRHIZAE**.

Das viele abgestorbene Holz, die an organischem Material reichen Böden und die trockenen Sommer begünstigen Waldbrände, im Westen jedoch weniger als im östlichen Sibirien, wo das Kontinentalklima stärker ausgeprägt ist. Generell sind Feuer deutlich häufiger geworden, was auf den menschlichen Einfluss zurückzuführen ist. Die Brandfolgen wie erhöhter Lichteinfall durch entstandene Vegetationslücken und Ascherückstände beschleunigen die Zersetzung organischer Materialen und begünstigen das Wachstum von Pflanzen, Pilzen, Flechten und Wirbellosen.
Es entsteht ein neuer Reichtum an Arten. **BÄRLAPPE** (Gattung *Lycopodium*), Adlerfarn (Gattung *Pteridium*), **WEIDENRÖSCHEN** (Gattung *Epilobium*) und Laubbäume wie Pappeln und Weiden brechen nun hervor und bleiben so lange, bis die Nadelbäume ihr Terrain wieder zurückerobern.
Einige dieser Pflanzen halten sich jedoch auch neben ihren nadeligen Verwandten eine kleine Ewigkeit.
In den Wäldern Skandinaviens finden sich neben den Nadelbäumen 200 bis 300 Jahre alte Weiden. Sie sind die „Kinder" einer lang zurückliegenden Feuersbrunst.

Die Tiere der borealen Zone überleben die langen und kalten Winter, indem sie Winterschlaf halten, nach Süden ziehen oder sich entsprechend anpassen.

Typische Bewohner dieser Region sind der Elch, das Waldren (eine Unterart des Rentiers), der Wolf, der Luchs und der Vielfraß (*Gulo gulo*). Viele haben insbesondere mit dem Schnee zu kämpfen, der die Fortbewegung und die Nahrungsbeschaffung wesentlich erschwert. Der räuberische Vielfraß, die größte Marderart Europas, profitiert allerdings von der hohen Schneedecke im Winter.
Sie versetzt ihn in die Lage, ausgewachsene Rentiere zu erlegen, während er im Sommer höchstens Jungtiere erbeutet. Hauptsächlich ernährt sich der Vielfraß, der manchmal als „Hyäne Europas" bezeichnet wird, jedoch von Aas. Er folgt den Spuren größerer Raubtiere wie Wölfen und Luchsen und frisst die Überreste ihrer Beutetiere. Das Rentier (*Rangifer tarandus*) ist ein weiterer Bewohner des borealen Nordens. Es verbringt in Rudeln die Sommer in der **TUNDRA**, während das Waldren ebenso wie der Elch (*Alces alces*) die **TAIGA** nie verlässt.

HUMUS
Siehe Seite 35.

SYMBIOSE
Siehe Seite 35.

MYKORRHIZAE
Siehe Seite 35.

BÄRLAPPE
Gefäßsporenpflanzen (*Pteridophyta*) der Gattung *Lycopodium*, die dichotom („entzweigeschnitten") verzweigte Wurzeln besitzen. Sie vermehren sich mithilfe von Sporen sowie durch die Bildung von Klonen (vegetative Vermehrung). Aufgrund ihres kriechenden Sprosses reagieren sie besonders empfindlich auf Tritte und werden mit der Zeit immer seltener.

WEIDENRÖSCHEN
Krautige Pflanzen der Gattung *Epilobium*, die zur Familie der Nachtkerzengewächse gehören. Sie haben große Blütenstände mit rosafarbenen Blüten, die an ihrem verlängerten Fruchtknoten erkennbar sind.

TUNDRA
Siehe Seite 120.

TAIGA
Synonym für borealer Nadelwald. Die Taiga schließt sich in niedrigeren Breitengraden an die Tundra an.

ARTHROPODEN/ GLIEDERFÜSSER
Stamm des Tierreichs, zu dem Insekten wie zum Beispiel Spinnen, Skorpione und Tausendfüßler, aber auch ausgestorbene Arten wie die Trilobiten gezählt werden.

Die Die Populationsdichte der großen Raubtiere Europas wie Bär, Wolf, Eurasischer Luchs und Vielfraß in den nördlichen Breiten ist sehr unterschiedlich. Sie hängt entscheidend auch davon ab, in welchem Ausmaß die Tiere durch den Menschen gejagt und gewildert wurden und in welchem Umfang Schutzmaßnahmen greifen.

Sehr typisch für die nördlichen Nadelwälder sind auch einige Vogelarten. Der Bartkauz (*Strix nebulosa*) nistet in den verlassenen Horsten von Greifvögeln, gelegentlich sogar auf dem Boden. Der Raufußkauz (*Aegolius funereus*) und der Sperlingskauz (*Glaucidium passerinum*) kommen sowohl in den nordischen Nadelwäldern als auch in den Gebirgen der gemäßigten Zone vor.

Auch Raufußhühner (*Tetraoninae*), eine Unterfamilie der Fasanenartigen, sind in der borealen Zone heimisch. Dazu gehört das Auerhuhn (*Tetrao urogallus*), das sich im Winter von den Nadeln der Bäume ernährt. Ansonsten frisst es bevorzugt Heidelbeeren, die auf Lichtungen wachsen. Auerhuhnküken sind auf tierisches Eiweiß von Gliederfüßern (**ARTHROPODEN**) angewiesen. In den südlichen und mitteleuropäischen Gebirgsregionen gehen die Auerhuhnpopulationen immer stärker zurück, da ihr Lebensraum intensiver Rodung zum Opfer fällt. Im Norden sind die Bestände dagegen stabil. Weitere Arten von Raufußhühnern sind Haselhühner (*Tetrastes bonasia*) und Birkhühner (*Lyrurus tetrix*), deren Männchen beeindruckende Balztänze aufführen. Der Dreizehenspecht (*Picoides tridactylus*) bevorzugt wegen seiner Vorliebe für Baumharze und holzfressende (xylophage) Insekten alte totholzreiche Waldbereiche.

Die borealen Nadelwälder werden ausgiebig wirtschaftlich genutzt, was fundamentale Auswirkungen auf ihr Ökosystem hat. Wo sich vormals Wo sich vormals reich strukturierte Habitate befanden, wachsen plötzlich nur noch Bäume desselben Alters und derselben Art. Diese intensive Form des Waldmanagements lässt nur sehr wenig Raum für den natürlichen Prozess der Walderneuerung.

WÄLDER DER GEMÄSSIGTEN ZONE

DIE WÄLDER DER GEMÄSSIGTEN ZONE BEFINDEN SICH IM WESENTLICHEN ZWISCHEN DEM 44. UND DEM 55. GRAD NÖRDLICHER BREITE.
Ihre Vielfalt verdanken sie dem zwischen Atlantikküste und Ural vorherrschenden Kontinentalitätsgrad und den vielgestaltigen Reliefformen von großen Ebenen bis hin zu Hochgebirgen. Die gemäßigte Zone ist niederschlagsreich, insbesondere im westlichen Teil Europas (750 bis 1500 Millimeter pro Jahr). Die Jahresdurchschnittstemperaturen bewegen sich zwischen 7 und 16 Grad Celsius. Die Winter sind streng, die Böden der Wälder fruchtbar und feucht. Dies gilt in besonderem Maße für die westlichen Ebenen.

LEBENDIGER FRÜHLING, FLAMMENDER HERBST

Anders als boreale und mediterrane Wälder werden die Wälder der gemäßigten Zone nur sehr selten von Feuern heimgesucht, sind jedoch insbesondere in Atlantiknähe stark dem Wind ausgesetzt. Den Großteil der Pflanzen bilden die Laubgewächse. Der Baumbestand setzt sich im Wesentlichen aus Buchen (*Fagus*), Eschen (*Fraxinus*), Eichen (*Quercus*), Ahorn (*Acer*), Linden (*Tilia*), Hainbuchen (*Carpinus*) und Ulmen (*Ulmus*) zusammen. Alle diese Gattungen sind mit mehr als einer Art vertreten. In den Bergen und kontinentalen Klimazonen, wo lange Frostperioden vorherrschen, dominieren Nadelbäume, im Westen die Tanne, im Osten die Fichte. Auch die **HEMIBOREALEN** Wälder Skandinaviens und Russlands, die sich unweit der borealen Zone befinden, zeichnen sich durch ein reiches Fichtenvorkommen aus. Weiter Richtung Russland gehören auch Sibirische Tannen und Lärchen zum Nadelbaumbestand.

Die Verfärbung der Blätter im Herbst sowie die kurze und flüchtige Blütezeit des Unterwuchses zu Frühlingsanfang sind zwei Wesensmerkmale der gemäßigten Wälder. Die Blätter verfärben sich, weil das Chlorophyll abgebaut wird, wodurch die anderen Blattfarbstoffe sichtbar werden. Im Herbst werden nach und nach die durch die **PHOTOSYNTHESE** freigesetzten mineralischen Elemente aus den Blättern in die Wurzeln geleitet, wo sie bis zum folgenden Frühling gespeichert zu werden. Eine indirekte Folge des herbstlichen Blätterfalls ist das Blühen von Zwiebel- und Rhizompflanzen im Frühling. Lauchgewächse, Blausterne, Primeln, Hyazinthen, Lerchensporne und Veilchen sprießen nun aus dem Boden.

HEMIBOREAL
Bezeichnung für den nördlichsten Bereich des Gebiets, in dem gemäßigte Wälder verbreitet sind.

PHOTOSYNTHESE
Siehe Seite 27.

↑

Taiga

FINNLAND/OULANKA-NATIONALPARK, KUUSAMO, NORDÖSTERBOTTEN

Die natürlichen Wälder der Taiga bestehen vornehmlich aus Fichten. Sie sind durchmischt mit Laubbäumen wie zum Beispiel Birken, die sich in Schneisen ansiedeln. In diesem Fall wachsen sie auf einer Fläche, auf der vorher Nadelbäume standen, die womöglich Schädlingen zum Opfer fielen. Die Anhäufung organischen Materials nach einem solchen Befall reichert den Boden mit jenen Nährstoffen an, die das Wachstum des Unterwuchses begünstigen.

Staffan Widstrand

Vielfraß

Gulo gulo

FINNLAND/KUHMO, KAINUU

Der Vielfraß, die größte Marderart Europas, ist Aasfresser und Räuber. Bisweilen erlegt er auch große Beutetiere wie wilde oder domestizierte Rentiere. Daher genoss er lange Zeit einen schlechten Ruf und wurde gejagt. Als er in Finnland endlich unter Schutz gestellt wurde, war die Population auf 50 bis 80 Individuen geschrumpft. Im Jahr 2009 gab es in Finnland etwa 155, in Norwegen 300 und in Schweden 500 Vielfraße.

Staffan Widstrand

Elch in einem Wald der borealen Zone

Alces alces

SCHWEDEN/NATIONALPARK SAREK, RAPADALEN

Im Spätsommer versammeln sich im nordschwedischen Rapadalen so viele Elche wie nirgendwo sonst in ganz Europa. Kurz vor Beginn der Brunftzeit zwischen September und Oktober entledigen sich die männlichen Tiere der Basthaut ihrer Geweihe. Wegen ihres Fleisches und ihrer als Jagdtrophäe begehrten Geweihe werden in Schweden alljährlich mehr als 100 000 Elche erlegt.

Staffan Widstrand

Weidenmeise

Parus montanus

FINNLAND/KOROUMA, POSIO, LAPPLAND

Die Weiden- oder Mönchsmeise ist in ganz Europa verbreitet und besiedelt bevorzugt Feuchtgebiete, wo sie sich von Insekten, Samen und Pollen ernährt. Das Rückengefieder der in Skandinavien heimischen Unterart *Parus montanus borealis* ist grau statt braun, das Bauchgefieder hell und das Wangengefieder leuchtend weiß. Die Flechtengattung *Usnea*, deren Arten häufig als Bartflechten oder Baumbart bezeichnet werden, gelten seit Mitte der 1990er Jahre als „vom Aussterben bedroht". Aufgrund wirkungsvoller Umweltschutzgesetze und eines Rückgangs der Anwendung von Pestiziden und Düngemitteln in der Landwirtschaft haben sich die Bartflechten in ihrem ursprünglichen Verbreitungsgebiet wieder angesiedelt. Inzwischen gelten sie als biologische Indikatoren für gute Luftqualität, von der zahlreiche Vögel wie auch die Weidenmeise profitieren.

Sven Začek

Donau-Durchbruch

SERBIEN/NATIONALPARK DJERDAP

Das Eiserne Tor, eine gebirgige Verengung im Verlauf der Donau, trennt die Südkarpaten vom nordwestlichen Teil des Balkangebirges und markiert die Grenze zwischen Rumänien und Serbien. Hier passiert die Donau eine Schlucht von enormer Tiefe und ist an ihrer schmalsten Stelle nur 150 Meter breit und 53 Meter tief. Auf den steilen Felsen gegenüber dem Eisernen Tor haben große Bäume keine Chance zu wurzeln. Insgesamt sind jedoch ganze zwei Drittel des 63 000 Hektar großen Djerdap-Nationalparks, der sich auf der serbischen Seite der Donau erstreckt, bewaldet. Es sind zahlreiche Pflanzen erhalten geblieben, die in anderen Teilen Europas entweder äußerst selten oder komplett verschwunden sind.

Ruben Smit

Buchenrinde

Fagus sylvatica

ITALIEN/NATIONALPARK POLLINO, BASILIKATA

Die Exemplare der in Europa weit verbreiteten Rotbuche können sich stark voneinander unterscheiden, je nach Qualität des Bodens und der Luft, Klima und Höhenlage. Die Rinde der Buche, die auf einem Hang des Nationalparks Pollino wächst, ähnelt kaum der Rinde jener Bäume, die man zum Beispiel in Mitteleuropa findet.

Claudia Müller

Rotbuchen

Fagus sylvatica

RUMÄNIEN/PIATRA-CRAIULUI-NATIONALPARK, SÜDKARPATEN, SIEBENBÜRGEN

Die Rotbuche, meist nur „Buche" genannt, ist die dominierende Baumart in den meisten Wäldern West- und Mitteleuropas. Sie wächst in allen Breiten, jedoch je nach Region in unterschiedlichen Höhenlagen. So besiedelt sie im Südwesten Skandinaviens die Ebenen bis auf Meeresspiegelniveau. In ihrem südlichen Verbreitungsgebiet zwischen Spanien, Sizilien und Kalabrien beschränkt sie sich dagegen auf die Gebirge. Das Zentrum ihrer Verbreitung befindet sich in den feuchten Regionen Mitteleuropas. In Rumänien sind die größten Rotbuchenwälder erhalten mit bis zu 38 Meter hohen Bäumen.

Cornelia Dörr

Herbstlaub

KROATIEN/NATIONALPARK PLITVICER SEEN

Die Verfärbung des Herbstlaubs geschieht durch den Abbau des grünen Blattfarbstoffs Chlorophyll, durch den nach und nach andersfarbige Blattfarbstoffe sichtbar werden. Bäume werfen ihre Blätter erst dann ab, wenn die letzten Photosyntheseprodukte über den Stamm in die Wurzeln geleitet wurden. Der Fluss der Pflanzensäfte stoppt und die Blätter trocknen aus. Schließlich lösen sie sich durch Frost oder Wind.

Maurizio Biancarelli

Einige Wochen bevor die Bäume wieder knospen und neue Blätter ausbilden, herrschen im Unterholz ideale Temperaturen und Bedingungen für die lichtbedürftigen Pflanzen. Innerhalb weniger Wochen durchlaufen die Frühjahrsblüher mithilfe ihrer unterirdisch gespeicherten Energiereserven einen ganzen Vegetationszyklus. Anschließend verfallen sie bis zum nächsten Frühjahr wieder in eine Art unterirdischen Schlummer. Für ein derart rasches Wachstum sind nährstoffreiche und feuchte Böden vonnöten. Sie finden sich sonst vor allem in den Auwäldern.

Auch die Strauchgewächse im Unterholz wie Hartriegel, Spindelsträucher, Weißdorn, Holunder und Haselnuss blühen zwischen Februar und April. Im Sommer und Herbst vollzieht sich im Schatten der großen Bäume die Fruchtbildung. Sie liefert Energie und Proteine für Tiere wie Marder, Eichhörnchen und zahlreiche fruchtfressende Vögel.

BEWOHNER DER GEMÄSSIGTEN WÄLDER

Die Wälder der gemäßigten Zone verfügen, wie bereits geschildert, über ein sehr reiches Vogelvorkommen. Der Schwarzstorch (*Ciconia nigra*) bevorzugt alte feuchte Wälder in den gemäßigten Zonen Europas und im Mittelmeerraum. Die Populationen dieser seltenen und schönen Art wurden lange Zeit durch Bejagung und Zerstörung der Nester stark dezimiert. Verschiedenen Schutzprogrammen ist es zu verdanken, dass sie sich in den west- und mitteleuropäischen Ländern wieder ausbreitet. Populationen in Polen, der Ukraine und Weißrussland haben sich gut erholt und wachsen.

Der Artenreichtum der Säugetiere ist in den gemäßigten Wäldern bemerkenswert. Die am weitesten verbreiteten pflanzenfressenden Säugetiere sind die Rothirsche (*Cervus elaphus*), die für ihre spektakuläre Brunft im Herbst bekannt sind, sowie Rehe und Wildschweine. Einst waren auch der Wisent (*Bison bonasus*) und der inzwischen ausgestorbene Auerochse (*Bos primigenius*), die vor allem in den Ebenen lebten, sowie der Steinbock (*Capra ibex*), der in den Gebirgsregionen des gemäßigten und mediterranen Europa vorkommt, zahlreich vertreten. Große Raubtiere in den gemäßigten Wäldern sind Bären, Wölfe sowie der Eurasische Luchs, von dem es einige Unterarten gibt, unter anderem den Balkanluchs (*Lynx lynx martinoi*).

↑
Piatra-Craiului-Gebirge

RUMÄNIEN/PIATRA-CRAIULUI-NATIONALPARK, SÜDKARPATEN, SIEBENBÜRGEN

Auf Deutsch bedeutet der Name des rumänischen Gebirges „Königsstein“. Es erstreckt sich über etwa 25 Kilometer im Zentrum des Landes. Neben einer großen Pflanzenvielfalt sind beträchtliche Populationen von Wölfen und Luchsen zu finden, die Gämsen und andere Pflanzenfresser jagen.

Cornelia Dörr

Schwarzstorch

Ciconia nigra

DEUTSCHLAND/BIOSPHÄRENRESERVAT FLUSSLANDSCHAFT ELBE, NIEDERSACHSEN

Im Spätsommer versammeln sich ausgewachsene Schwarzstörche (*Ciconia nigra*) mit ihrer Nachkommenschaft am Rande von seichten Tümpeln und fischreichen, vom Hauptfluss abgeschnittenen Altarmen wie in der niedersächsischen Elbtalaue, die 2002 zum Biosphärenreservat erklärt wurde. Bevor die Schwarzstörche nach Süden in ihre afrikanischen Winterhabitate weiterziehen, fressen sie sich in Gemeinschaft von Graureihern, Silberreihern und Möwen einige Tage lang die nötigen Energiereserven an.

Dieter Damschen

Braunbär

Ursus arctos

SLOWAKEI/TICHÁ, WESTTATRA

Es ist nicht unwahrscheinlich, dass der hinter einer Bergkiefer (*Pinus mugo*) äußerst wachsam dreinschauende, ausgewachsene Braunbär im Tichá-Tal noch nie einem Menschen begegnet ist. Jahrtausendelang war die isolierte Region in den Westkarpaten Lebensraum und Korridor für große, im restlichen Europa ausgestorbene Säugetiere und Vogelarten. Heutzutage sind die Primärwälder des Tichá-Tals wie auch die benachbarten Täler durch extensive wirtschaftliche Ausbeutung bedroht.

Bruno d'Amicis

Buche

Fagus sp.

GEORGIEN/LAGODECHI-NATIONALPARK, KUTAISSI, KAUKASUS

Der 1912 gegründete Lagodechi-Nationalpark ist der älteste Nationalpark Georgiens. Hier findet sich einer der schönsten Buchen-Hainbuchen-Wälder des Landes, wenn nicht gar Europas. Bis 1990 war der Park ein Totalreservat, das selbst Wissenschaftler nicht betreten durften. Inzwischen kann das 17000 Hektar große Gelände, in dem nicht nur zahlreiche endemische Pflanzenarten, sondern auch das Kaukasische Birkhuhn und nahezu alle in Europa vorkommenden Säugetiere heimisch sind, erwandert oder beritten werden. Das Wegenetz reicht bis in eine Höhe von 3500 Metern.

Georg Popp Hackner

↓
Pontischer Rhododendron

Rhododendron ponticum

GEORGIEN/BORJOMI-CHARAGAULI-NATIONALPARK, KLEINER KAUKASUS

Im Vergleich zu anderen europäischen Waldökosystemen zeichnen sich die georgischen Wälder durch große Ursprünglichkeit aus. Davon zeugen eine überaus üppige Krautschicht und das und das Vorkommen von Arten wie dem *Rhododendron ponticum*, der als Relikt des Tertiärlorbeerwalds überdauert hat. Obwohl laubabwerfende Arten wie Eiche, Hainbuche und die einheimische Kastanie die obere Schicht dominieren, werden diese Wälder unweit des Schwarzen Meers den gemäßigten Regenwäldern zugerechnet. Wie andere Wälder des gleichen Typs in der ganzen Welt boten sie Pflanzenarten Zuflucht, die die Eiszeiten ansonsten nicht überlebt hätten. Von ihren Refugien aus begannen diese Arten vor etwa 10000 Jahren, Europa zurückzuerobern.

Georg Popp Hackner

Barranco del Cedro

SPANIEN/NATIONALPARK GARAJONAY, LA GOMERA, KANARISCHE INSELN

In der sogenannten Zedernschlucht der zweitkleinsten der sieben Kanarischen Inseln finden sich Relikte hygrophiler („Feuchtigkeit liebender“) Lorbeerwälder, die während des letzten Tertiär-Abschnitts im Mittelmeerraum verbreitet waren. Im 3986 Hektar umfassenden Nationalpark Garajonay – er bedeckt sieben Prozent der Insel – gedeihen die Wälder im Herzen La Gomeras bis heute unbehelligt. Die Lorbeerwälder sind aufgrund ihrer ökologischen Bedeutsamkeit seit 1986 Teil des Unesco-Weltnaturerbes. Ihre Ausdehnung übersteigt die der anderen Makaronesischen Inseln bedeutend.

Iñaki Relanzón

DIE KOLCHISCHEN WÄLDER

Die Wälder der kolchischen Tiefebene am Ostrand des Schwarzen Meeres in Georgien unterscheiden sich stark von anderen Laubwäldern in den gemäßigten Zonen. Sie verfügen bereits über Merkmale der immergrünen, gemäßigten Regenwälder, für die ein feucht-warmes Klima typisch ist. In den kolchischen Wäldern finden sich zahlreiche **IMMERGRÜNE** Arten wie etwa **LORBEERBLÄTTRIGE** oder **LAUROPHYLLE** Pflanzen. Ihre ledrig wirkenden Blätter vertragen weder Trockenheit noch Frost.

Immergrüne Pflanzen kommen jedoch nur im Unterholz vor, darunter der Buchsbaum (*Buxus sempervirens*), eine **ENDEMISCHE** Stechpalme (*Ilex colchica*), eine Rhododendron-Art (*Rhododendron ponticum*) und die Europäische Stechpalme (*Ilex aquifolium*).

In den oberen Waldschichten haben wir es vornehmlich mit Laubbaumarten wie der Eiche und der Buche zu tun, wie sie auch in den gemäßigten Wäldern anzutreffen sind. Sie weisen jedoch eine andere Besonderheit auf, nämlich einen großen Reichtum an **EPIPHYTEN**, Moos- und Farngewächsen, die an den Stämmen wachsen und von den Ästen hängen. Große Klettergewächse kommen aufgrund des feuchten Mikroklimas in den kolchischen Wäldern in großer Vielzahl vor.

Aufgrund des feucht-warmen Klimas, das in der Kolchis sogar während der Eiszeiten herrschte, wurde die Region an der Ostküste des Schwarzen Meeres zu einem wichtigen Refugium für einige Pflanzen des **TERTIÄR-LORBEERWALDS**. Eine davon ist der Rhododendron, der üppig im Unterholz blüht.

Gemäßigte Regenwälder dieser Art, die von laurophyllen Pflanzen geprägt sind, existieren in Europa nur äußerst selten. Man findet sie ausschließlich im äußersten Westen Kontinentaleuropas und auf den Vulkaninseln des Atlantischen Ozeans wie Gran Canaria, Teneriffa, La Gomera, La Palma, den Azoren und Madeira in Höhenlagen ab 500 Metern.

IMMERGRÜNE PFLANZEN
Siehe Seite 156.

LORBEERBLÄTTRIG/ LAUROPHYLL
Siehe Seite 156.

ENDEMISCH
Bezeichnung für das natürliche Vorkommen von Pflanzen- oder Tierarten ausschließlich in einem klar abgegrenzten geographischen Gebiet.

EPIPHYTEN
Siehe Seite 173.

TERTIÄR-LORBEERWALD
Waldform, die während des Tertiärs (zwischen fünf und zwei Millionen Jahren BP) die warm-feuchten Zonen des Mittelmeerraums besiedelte und durch die Eiszeiten des Pleistozäns stark dezimiert wurde. In Bezug auf die Artenzusammensetzung ähnelten sie den tropischen Regenwäldern. Wichtige Pflanzenfamilien waren Lorbeergewächse, Ölbaumgewächse und Gagelstrauchgewächse.

DER MITTELMEERRAUM

DIE WÄLDER RUND UM DAS MITTELMEER PROFITIEREN VON DEN BESONDERHEITEN DES MEDITERRANEN KLIMAS, DAS DURCH TROCKEN-HEISSE Sommer, milde Winter sowie einen regenreichen Frühling und Herbst gekennzeichnet ist. Die Trockenperioden im Hochsommer sind in den Höhenlagen kürzer; zudem sind die Temperaturen frischer. Im Mittelmeerraum stehen Tieren und Pflanzen vielfältige Lebensräume wie Meeresküsten, Gebirge, weite Täler, Schluchten und Vulkane und geologische Substrate zur Verfügung.

Im Mittelmeerraum existieren grundsätzlich drei verschiedene Waldformationen: der **IMMERGRÜNE** Wald, der Nadelwald und der Laubwald.

Ersterer ist in leichten Höhenlagen zu finden. Hier herrschen immergrüne Eichen vor, deren Blätter die trockenen Sommer gut überstehen. Sie sind mit einer Wachsschicht und anderen Schutzmechanismen ausgestattet, die den Wasserverlust minimieren. Pflanzen mit diesen Eigenschaften werden „Hartlaubgewächse" genannt. Zu ihnen gehören auch die Steineiche (*Quercus ilex*) und die Korkeiche (*Quercus suber*).

Nadelwälder kommen in Form von Aleppo-Kiefernwäldern in Niedriglagen sowie als Tannen- und Zedernwälder in gebirgigen Lagen vor.

Laubabwerfende Wälder bevorzugen regenreiche Standorte und niedrige bis mittlere Lagen. Hier wachsen die Flaumeiche (*Quercus pubescens*) und viele andere Arten, die sich zum Teil auch in den gemäßigten Zonen Europas finden. Darunter sind Buche, Esche, Erle, Pappel, Linde und Ahorn. Bei dem für den Mittelmeerraum typischen Echten Lorbeer (*Laurus nobilis*) sowie der Europäischen Stechpalme (*Ilex aquifolium*) und dem Gemeinen Efeu (*Hedera helix*), die sowohl in der gemäßigten Zone als auch in der Mittelmeerregion anzutreffen sind, handelt es sich um **LORBEERBLÄTTRIGE** Arten. Sie gedeihen nur dann, wenn das Klima entsprechend feucht ist, wie zum Beispiel in Gebirgsschluchten oder Auwäldern.

Die mediterranen Wälder waren durch Feuer, Ackerbau, Viehzucht und andere Eingriffe des Menschen jahrtausendelang tiefgreifenden Umbildungsprozessen unterworfen. Das hatte großen Einfluss auf die Zusammensetzung der Vegetation. Man geht davon aus, dass in den Wäldern der Ebenen und der mittleren Höhenlagen ursprünglich nicht immergrüne Eichen dominierten, sondern in allen Schichten des Waldes laubabwerfende und **LAUROPHYLLE** Arten wie die Eibe, die Stechpalme und der Lorbeer, die hier inzwischen nicht mehr zu finden sind. Relikte ursprünglicher Wälder existieren noch im südfranzösischen Sainte-Baume-Massiv auf 700 Metern Höhe. Hier wächst unter anderem die laubabwerfende Flaumeiche. Außerdem gibt es bemerkenswerte Eibenpopulationen, die mit bis zu drei Metern Stammumfang spektakuläre Ausmaße und ein ehrwürdiges Alter von teilweise mehreren Jahrhunderten aufweisen.

IMMERGRÜNE PFLANZEN
Pflanzen oder Bäume, die ganzjährig ihre Blätter behalten. Ihr Gegenstück bilden laubabwerfende Pflanzen.

LORBEERBLÄTTRIG/ LAUROPHYLL
Blatteigenschaft, die mit einer weichen, ledrigen Textur einhergeht. Laurophylle Pflanzen sind an warmes und feuchtes Klima angepasst und verfügen über keine Schutzfunktionen gegen Kälte und Trockenheit. Sie sind zwar für Lorbeerwälder typisch, aber nicht ausschließlich dort anzutreffen.

Von den europäischen Wäldern hatten die der mediterranen Zone durch extensive Weidewirtschaft und Rodung für den Schiffsbau am heftigsten zu leiden, insbesondere von der Antike bis zur Mitte des 19. Jahrhunderts. Ausnahmen bilden die Wälder von Saint-Baume und der heilige Wald auf der griechischen Halbinsel Athos, der von einer hier lebenden Klostergemeinschaft erhalten wird. Ein Großteil der mediterranen Wälder konnte sich erst im Laufe der letzten beiden Jahrhunderte allmählich regenerieren.

EINE AUSSERGEWÖHNLICH REICHE FLORA

In den Wäldern des Mittelmeerraums gedeihen Pflanzen, die auch im Nahen und Mittleren Osten heimisch sind, neben typischen Vertretern der gemäßigten Breiten.

Einige Arten stammen noch aus der Voreiszeit vor 100 000 Jahren. Es handelt sich insgesamt allerdings nur um etwa 45 **HOLZIGE** Pflanzen, die als sogenannte Tertiärrelikte in bestimmten Gegenden überdauern konnten, so etwa auf den großen Mittelmeerinseln Sizilien, Kreta und Zypern und in den Tälern und kontinentalen Alluvialwäldern Spaniens, Griechenlands, Italiens und Frankreichs. Es lassen sich Spezies entdecken, die nach der letzten Eiszeit überall sonst in Europa verschwunden sind und deren Vorkommen nicht mit einer späteren Wiedereinführung in Zusammenhang gebracht werden kann. Beispiele hierfür sind die Kretische Zelkove (*Zelkova abelicea*) auf Kreta und die Libanonzeder (*Cedrus libani ssp. Brevifolia*) auf Zypern. Auf dem Festland zählen zu den Tertiärrelikten, die noch innerhalb ihres ursprünglichen Verbreitungsgebiets zu finden sind, die Gewöhnliche Rosskastanie (*Aesculus hippocastanum*) und die Edel- bzw. Esskastanie (*Castanea sativa*). Sie wachsen allerdings nur noch in einigen griechischen Tälern, die während der letzten Eiszeit als Refugium dienten. In der westlichen Türkei konnten sich zwei kleine Populationen von Walnussgewächsen (*Juglandaceae*) halten: die Echte Walnuss (*Juglans regia*) und die Kaukasische Flügelnuss (*Pterocarya fraxinifolia*). Die weite Verbreitung des Walnussbaums und der Rosskastanie in Europa ist damit zu erklären, dass diese Bäume zu prähistorischen und antiken Zeiten von Menschen dort wiedereingeführt wurden, wo ihre Vorgänger nach der Eiszeit verschwunden waren.

Da einige **ENDEMISCHE** Arten unverändert gedeihen, kann man darauf schließen, dass bestimmte Biotope des Mittelmeerraums seit der letzten Eiszeit Bestand haben. Unter den endemischen Arten sind zahlreiche Orchideen, etwa die Gattung der Ragwurzen (*Ophrys*). Die Vertreter dieser Gattung ahmen mit ihren Blütenlippen die Form bestimmter weiblicher Insekten nach. Durch diese Art der Sexualtäuschung werden männliche Insekten zur Bestäubung angelockt. Es handelt sich um eine ganz besondere Art der **SYMBIOSE** zwischen hochentwickelten Pflanzen und Insekten.

HOLZIG/ HOLZBILDEND
Bezeichnung für Pflanzen, die mehr Lignin produzieren als andere Pflanzen, wie zum Beispiel Bäume. Die Molekülstruktur des Stoffes verleiht der Pflanze Festigkeit. Lignin und Cellulose sind die wichtigsten Holzbestandteile. Siehe Lignin, Seite 52

ENDEMISCH
Siehe Seite 153.

SYMBIOSE
Siehe Seite 35.

Troodos-Massiv

ZYPERN

Zypern ist die drittgrößte Mittelmeerinsel, über die sich zwei durch eine Zentralebene getrennte Gebirgszüge erstrecken. Einer davon ist das Troodos-Gebirge im Südwesten. Wie andere Mittelmeerinseln auch, fungierte Zypern als Eiszeitrefugium für kälteempfindliche Arten wie die endemische Libanonzeder (*Cedrus libani, ssp. brevifolia*). Die Bestände der Spezies sind in der Vergangenheit stark zurückgegangen. Inzwischen findet sie sich nur noch am Westrand des Troodos-Gebirges, auf einer Höhe zwischen 900 und 1200 Metern. Sie gilt als vom Aussterben bedroht.

Peter Lilja

Männlicher Europäischer Damhirsch

Dama dama

MAREMMA-NATIONALPARK, TOSKANA, ITALIEN

Phönizier und Römer führten das Damwild in Griechenland, Italien und Spanien ein. Im Mittelalter wurde es dann auch in Dänemark, Mitteleuropa und auf den Britischen Inseln für die private Jagd angesiedelt. Heutzutage handelt es sich um eine der am weitesten verbreiteten Hirscharten der Welt mit Populationen, die von Neuseeland bis nach Nordamerika und von Schweden bis nach Nordafrika anzutreffen sind.

Florian Möllers

Herbstliche Vegetation im Mittelmeerraum

GRIECHENLAND/ALONISSOS

Formationen aus buschiger, immergrüner Hartlaubvegetation werden in Nordamerika „Chapparal", in Südafrika „Fynbos" und im Mittelmeerraum „Macchie" genannt. Sie setzen sich unter anderem aus Kreuzbusch- und Myrtengewächsen, Zwergölbäumen, Salbei, Wacholder und Baumheide zusammen. Zu finden sind sie in Regionen, wo Bäume und Wälder Bränden zum Opfer gefallen sind oder durch extensive Weidewirtschaft durch den Menschen verdrängt oder anderweitig zerstört wurden. Macchien besiedeln auch aride und steinige Zonen. Dort überleben allerdings nur gegen Trockenheit unempfindliche Arten. Das ist zum Beispiel auf der griechischen Insel Alonissos der Fall.

Stefano Unterthiner

Korkeiche

Quercus suber

ITALIEN/AGGIUS, SARDINIEN

Die Korkeiche ist ein immergrüner Baum, der kalkhaltige Böden meidet. Stattdessen bevorzugt er lockere, kieselhaltige Gründe in niedrigen Höhenlagen des Mittelmeerraums zwischen Spanien, Italien und den westlichen Mittelmeerinseln. Bei ausreichender Feuchtigkeit bildet die Korkeiche natürliche Waldgesellschaften mit anderen immergrünen Eichenarten wie der Steineiche (*Quercus ilex*), der Flaumeiche (*Quercus pubescens*) und der Portugiesischen Eiche (*Quercus faginea*) sowie mit Kiefern. Der Kauf von Produkten mit Verschlüssen aus Korkeiche trägt zum Schutz der Wälder bei, die ohne die wirtschaftliche Nutzung gerodet und als Ackerfläche genutzt würden.

Staffan Widstrand

Isabellaspinner

Actias isabellae galliaegloria

FRANKREICH

Ein Isabellaspinner, in diesem Fall die Unterart *galliaegloria*, breitet in einem subalpinen Kiefernwald seine prächtig gezeichneten Flügel aus. Den Raupen dient die hiesige Waldkiefer (*Pinus sylvestres*) als Wirtspflanze. Ausgewachsene Tiere sind nachtaktiv und haben eine Flügelspannweite von bis zu zehn Zentimetern. Sie kommt nur in einem Teil der französischen Alpen vor und steht unter Schutz.

Niall Benvie

Moutti tis Sotiras

ZYPERN/HALBINSEL AKAMAS

Die Felsen des Moutti tis Sotiras, der mit einer Höhe von 500 Metern die Halbinsel von Akamas überragt, sind ins warme Licht der Abendsonne getaucht. Zwischen Macchien-Vegetation und landwirtschaftlichen Nutzflächen existieren hier außerdem einige Kiefernwälder.

Peter Lilja

Orchidee

Serapias lingua

ITALIEN/HALBINSEL GARGANO

Der Einschwielige Zungenstendel lockt durch seine Erscheinungsform vornehmlich männliche Bienen an, bestäubt sich aber auch häufig selbst. In diesem Fall nehmen Bienen die zur Befruchtung notwendige Verbreitung der sogenannten Pollinien vor. Das sind jene männlichen Pflanzenteile, die den Pollen enthalten. Der Einschwielige Zungenstendel bietet Insekten bei ungünstigen Wetterbedingungen und in der Nacht Unterschlupf. Wenn sie die Blüte am nächsten Morgen wieder verlassen, tragen sie einen Teil des Pollens mit sich fort.

Claudia Müller

Gänsegeier

Gyps fulvus

SPANIEN

Der Gänsegeier bildet ein wichtiges Glied innerhalb der Nahrungskette des Mittelmeerraums, indem er die Kadaver von Wild- und Nutztieren beseitigt. Mit einer Flügelspannweite von bis zu 2,60 Metern gehört er zu den größten Vögeln Europas und nistet in Kolonien an steilen Felswänden. Seine Population ist im Laufe des 20. Jahrhunderts stark zurückgegangen – zum Teil durch den Rückgang der Weidewirtschaft, der mit einer Reduzierung des Nahrungsangebots für den Gänsegeier einherging. In den 1970er und 1980er Jahren hat sich die Lage aufgrund eines Einsatzstopps von Pestiziden und einer positiveren Einstellung gegenüber Aasfressern gebessert. Vor Kurzem drohte jedoch eine strenge EU-Verordnung zur Aasbeseitigung die Gänsegeier ihrer wichtigsten Nahrungsquelle zu berauben. Auf EU-Ebene wurde diese Regelung 2011 wieder zurückgenommen, nicht jedoch auf Landesebene. Die beeindruckendste Population findet sich mit 8000 Brutpaaren in Spanien. Einige Individuen von dort wurden im Cevennen-Nationalpark neu angesiedelt.

Markus Varesvuo

DIE MEDITERRANE TIERWELT

Die Fauna der mediterranen Wälder überschneidet sich zum Teil mit der Tierwelt der gemäßigten Regionen Europas. Es gibt allerdings auch Arten, die nur hier vorkommen. Der Pardelluchs (*Lynx pardinus*), auch Iberischer Luchs genannt, gehört zu den meistgefährdeten Landsäugetieren Europas. Schätzungen von 2010 zufolge existieren nur noch etwa 200 bis 220 Exemplare. Ein andere Art, die nur in Spanien anzutreffen ist, ist der Iberiensteinbock (*Capra pyrenaica*). Auch er gilt als gefährdet. Dank Jagdverboten und -auflagen erlebt er aktuell allerdings ein Comeback. Seine Population wurde 2010 auf 60000 Individuen geschätzt. Die ursprüngliche Herkunft des Damhirschs (*Dama dama*), der im Mittelmeerraum weit verbreitet ist, konnte bis heute nicht eindeutig geklärt werden. Isolierte Populationen auf der griechischen Insel Rhodos und in der Region von Termessos in der in der Südtürkei unterscheiden sich genetisch stark von ihren Artgenossen – ein Hinweis darauf, dass sie die letzte Eiszeit in diesen Gebieten überdauerten. In anderen Regionen wurde der Damhirsch schon vor vielen tausend Jahren durch den Menschen eingeführt, so von den Phöniziern, Römern und Normannen. Zuletzt wurde er im 20. Jahrhundert auf Zypern angesiedelt. Der Rothirsch (*Cervus elaphus*), eigentlich ein **ENDEMISCHER** Bewohner mehrerer zentraleuropäischer Länder, wurde vermutlich gegen Ende des **NEOLITHIKUMS** auf Sardinien eingeführt und einige tausend Jahre später auf Korsika, wo er schließlich ausstarb. Die sardische Population hat sich nach jahrzehntelangen Bemühungen um seine Erhaltung inzwischen gut erholt.

Die ursprüngliche Fauna der Mittelmeerinseln war bis zum Ende der letzten Eiszeit reich an endemischen Arten. Mit der Ausbreitung des Menschen zu Beginn des **HOLOZÄNS** (zwischen 19000 v. Chr. auf Zypern, 7000 v. Chr. auf Sardinien und 6500 v. Chr. auf Korsika) setzte ihre Verdrängung ein. Auf Zypern hat der Mensch zwei einheimische Säugetierarten ausgerottet: 1700 v. Chr. das zyprische Zwergflusspferd (*Phanourios minutus*) und etwa zur gleichen Zeit den Zypern-Zwergelefanten (*Elephas cypriotes*). Die autochthonen Zwergelefantenarten der Mittelmeerinseln Malta, Sardinien und Kreta sind entweder nach der Besiedlung der Insel durch die Menschen auf natürlichem Wege ausgestorben oder kurz danach ausgerottet worden. Für das Verschwinden der Zwerghirschart *Megaceros cazioti* auf Korsika und Sardinien ist zweifellos der Mensch verantwortlich.

Einige Vogelarten des Mittelmeerraums sind auch im Süden der gemäßigten Zone verbreitet. Mehrere Raubvogelarten bauen ihre Nester in den Wäldern, jagen ihre Beute jedoch in offenem Terrain. Das gilt für den Spanischen Kaiseradler (*Aquila adalberti*), der vornehmlich Kaninchen und andere Nagetiere erbeutet, den Mönchsgeier (*Aegypius monachus*), der sich vom Aas großer Pflanzenfresser ernährt, und den Schlangenadler (*Circaetus gallicus*), auf dessen Speiseplan Schlangen und andere Reptilien stehen. Die Blauracke (*Coracias garrulus*) und die Zwergohreule (*Otus scops*) nisten in den Stämmen alter Bäume, ernähren sich allerdings vornehmlich von großen Insekten, die sie auf übersichtlichen Freiflächen aufspüren. Der Korsenkleiber (*Sitta whiteheadi*) ist ein endemischer Singvogel. Er bevorzugt alte Pinienwälder mit reichem Totholzvorkommen.

ENDEMISCH
Siehe Seite 153.

NEOLITHIKUM (JUNGSTEINZEIT)
Epoche der Menschheitsgeschichte, in der große technische und soziale Neuerungen aufkamen. Sie standen vor allem im Zusammenhang mit der beginnenden Landwirtschaft und Viehzucht. Die Neolithisierung ging schrittweise vonstatten. Gegen 9000 v. Chr. begann das Neolithikum im Vorderen Orient und endete gegen 3300 v. Chr. mit der allgemeinen Verbreitung der Metallverarbeitung und der Erfindung der Schrift.

HOLOZÄN
Jüngste Epoche der Erdgeschichte mit gemäßigtem Klima, die sich an das Pleistozän und die letzte Eiszeit anschloss. Das Holozän dauert seit inzwischen 10000 Jahren an und ist in Europa unter anderem durch eine fortschreitende Ausbreitung der Wälder gekennzeichnet. Das Holozän wird in fünf große Klimaperioden eingeteilt.

Die vielen verschiedenen Schildkrötenarten des Mittelmeerraums leben sowohl in Wäldern als auch in offeneren Terrains. Hier legen sie ihre Eier in Erdlöchern ab und lassen sie von der Sonnenwärme ausbrüten. Sie sind heute besonders zahlreich in jenen Landschaften anzutreffen, die jahrhundertelang von Schafen und Ziegen beweidet wurden.

Erwähnenswerte Insektenarten sind der Große Puppenräuber (*Calosoma sycophanta*), der den Eichenprozessionsspinner frisst, dessen Raupen als Schädlinge gelten, der Erdbeerbaumfalter (*Charaxes jasius*) und der wunderschöne Isabellaspinner (*Graellsia isabellae*). Letzterer ist die wohl größte europäische Schmetterlingsart und mit tropischen Arten verwandt. Er pflanzt sich auf den Wipfeln großer Pinien in den alpinen Wäldern Frankreichs und Spaniens fort.

VULKANWÄLDER UND MAKARONESISCHE INSELN

Vulkanwälder sind in Europa äußerst selten. Sie finden sich lediglich auf einigen westlichen Mittelmeerinseln wie Sizilien und den Äolischen Inseln, sind aber durch menschlichen Einfluss inzwischen fast vollständig verschwunden. Größere Vulkanwälder existieren auf den Makaronesischen Inseln (Kanaren, Madeira, Azoren). Eines haben sie alle gemeinsam. Sie gedeihen auf sterilen Böden aus Material, das einst vom Erdinneren freigegeben wurde: Schlacke, Asche und den Überresten erkalteter Lava.
Die Organismen, die hier leben, müssen einerseits der Toxizität der Böden standhalten und andererseits dem Mangel an Wasser und Mineralien sowie der Höhenlage. Wälder siedeln sich auf solchen Böden erst nach Jahrhunderten trockenen Klimas an, nachdem sich bereits Niedrigvegetation ausgebildet hat. Sie sind immer davon bedroht, einem Vulkanausbruch zum Opfer zu fallen.

Der Der 3718 Meter hohe Pico del Teide ist ein junger, im Quartär entstandener Vulkan, der noch immer aktiv ist. Er befindet sich im Inselzentrum von Teneriffa, umgeben von Kiefernwäldern wie der sizilianische Ätna.

Bei den Kiefern auf Teneriffa handelt es sich um die **ENDEMISCHE** Kanarische Kiefer (*Pinus canariensis*). Ab 1000 Metern Höhe bildet sie zusammenhängende Waldgebiete, in denen sie mehr als 50 Meter groß werden kann. In höheren Lagen wächst die Kanarische Kiefer weniger dicht und hoch, bis sie schließlich keine zwölf Meter Höhe mehr erreicht. Zwischen 2000 und 2100 Metern Höhe verschwinden die Bäume mit ihren vom Wind geformten Baumkronen ganz.

ENDEMISCH
Siehe Seite 153.

Neben Kiefernwäldern bewachsen auf den Makaronesischen Inseln ab 500 Höhenmetern Regenwälder die Hänge uralter Vulkane. Ihnen ist es gelungen, die Eiszeiten zu überstehen. Daher ähnelt ihre Vegetation jenen Wäldern, die Europa im Tertiär vor zwei bis fünf Millionen Jahren bedeckt haben. Die Wälder sind reich an Lorbeergewächsen (*Lauraceae*) und **EPIPHYTEN**, die lang von den Ästen hängen – ein fantastischer Anblick. Dass all diese Organismen überleben konnten, hat mit der Insellage im Atlantik zu tun, wo Temperaturen und Niederschlagsmengen lebensfreundlicher waren als Hunderttausende Jahre lang auf dem Festland. Seit 10 000 Jahren profitieren diese Inseln zudem von einem wenig wechselhaften gemäßigten Klima mit einer Jahresdurchschnittstemperatur von 16 Grad Celsius, Höchsttemperaturen im Winter von zwölf Grad Celsius und im Sommer von 21 Grad Celsius. Die für **LORBEERWÄLDER** notwendigen hohen Niederschlagsmengen liefern nicht etwa üppige Regengüsse, sondern Nebelschwaden, die von Passatwinden über die Osthänge der Berge geweht werden. Die Wassertröpfchen, aus denen der Nebel besteht, legen sich auf die großflächigen Lorbeerblätter und fließen auf den Boden ab. Die Kondensation der Nebeltröpfchen ist im Hinblick auf die Oberfläche des Waldes von beachtlichem Ausmaß. Aufgrund der Wasseraufnahmefähigkeit der Böden zeichnen sich alle Bereiche dieses besonderen Ökosystems trotz geringer Niederschlagsmengen durch ein feuchtes Klima aus, das die Ursache für den Vegetationsreichtum und die bemerkenswerten Epiphyten-Vielfalt ist. Bei den makaronesischen Wäldern handelt es sich demnach eigentlich um „Nebelwälder", wie sie auch in den Tropen vorkommen.

Aufgrund der isolierten Lage der Inseln ist die Zahl endemischer Arten besonders hoch. Einzelne Spezies können von Insel zu Insel variieren. So handelt es sich bei der Silberhals-Taube (*Columba trocaz*) um eine auf Madeira **ENDEMISCHE** Art, während die Lorbeertaube (*Columba junoniae*) und der Teidefink (*Fringilla teydea*) Bewohner der Kanaren sind. Besonders schöne Insekten stammen aus der Familie der Laufkäfer (**CARABIDAE**). 76 Arten kommen nur hier vor.

EPIPHYTEN
Pflanzen, die auf anderen Pflanzen wachsen, auch „Aufsitzerpflanzen" genannt. Epiphyten sind keine Parasiten, da sie sich nicht von ihren Trägerpflanzen ernähren. Sie nehmen große Mengen Feuchtigkeit aus der Umgebungsluft auf. Mineralien ziehen sie aus Humus, der sich in Baumastgabeln der Trägerpflanzen bilden kann, oder in gelöster Form aus Regen- und Tauwasser.

LORBEERWALD
Form des subtropischen Regenwaldes, der auf den Azoren, Madeira und den Kanarischen Inseln wächst und sich durch seinen Reichtum an Lorbeergewächsen mit immergrünen Blättern auszeichnet. Sie können eine Höhe von bis zu 40 Metern erreichen. Das dichte Unterholz der Lorbeerwälder ist äußerst reich an Wirbellosen, Vögeln und Fledermäusen, von denen einige endemisch sind.

ENDEMISCH
Siehe Seite 153.

CARABIDAE
Siehe Seite 65.

↑

Pardelluchs

Lynx pardinus

SPANIEN/NATIONALPARK SIERRA D'ANDÚJAR, SIERRA MORENA, ANDALUSIEN

Der Pardelluchs macht mit Vorliebe Jagd auf Wildkaninchen und ist mit einer geschätzten Population von 200 bis 220 Individuen derzeit das am stärksten vom Aussterben bedrohte Säugetier Europas. Die spanische Regierung und eine Reihe anderer um den Schutz dieses Tiers bemühter Organisationen berichten von allmählichen Erfolgen bei der Wiederansiedlung in Gefangenschaft aufgezogener Tiere. Der Pardelluchs bevorzugt baum- und und strauchbestandenes offenes Gelände. Überlebenswichtig ist ein ausreichendes Vorkommen an Wildkaninchen, deren Populationen in vielen Gegenden jedoch zurückgegangen sind.

Pete Oxford

Griechische Landschildkröte

Testudo hermanni

GRIECHENLAND/PINIENWALD, REGION PATRAS, PELOPONNES

Die vom Aussterben bedrohte Griechische Landschildkröte ist in verschiedensten Habitaten des Mittelmeerraums heimisch.

Christian Ziegler

Pico Viejo bei Sonnenuntergang

SPANIEN/TEIDE-NATIONALPARK, TENERIFFA, KANARISCHE INSELN

An den Hängen der benachbarten Strato- oder Schichtvulkane Teide und Pico Viejo wächst auf einer Höhe zwischen 1000 und 2000 Metern ein Wald der endemischen Kiefernart *Pinus canariensis*. Der Baum kann bei genügend Sonne und Feuchtigkeit eine Höhe von über 50 Metern erreichen. In Höhenlagen über 2500 Metern sind die Wälder jedoch lückenhaft und der Wuchs der Bäume verkümmert.

Iñaki Relanzón

Teidefink

Fringilla teydea

SPANIEN/TEIDE-NATIONALPARK, TENERIFFA, KANARISCHE INSELN

Der Teidefink ist eine endemische Vogelart der Kanaren, die in ihrem Habitat auf etwa 1000 bis 2000 Metern Höhe auf die Samen der Kanarischen Kiefer (*Pinus canariensis*) als Nahrungsquelle angewiesen ist. Die ohnehin kleine Population von 1800 bis 4500 Brutpaaren auf Teneriffa und Gran Canaria ist in den Wäldern Gran Canarias in letzter Zeit infolge von Wilderei noch weiter geschrumpft. Der Teidefink steht unter Artenschutz.

Iñaki Relanzón

Der Teide bei Sonnenaufgang

SPANIEN/TEIDE-NATIONALPARK, TENERIFFA, KANARISCHE INSELN

Die an den Hängen des Teide verbreitetste Baumart ist die Kanarische Kiefer (*Pinus canariensis*). Die Wälder des Vulkans, mit 3718 Metern höchster Berg der Kanarischen Inseln und des spanischen Staatsgebietes, zeigen interessante ökologische Ähnlichkeiten mit den Wäldern in der Umgebung des sizilianischen Ätna, dem mit 3323 Metern größten und aktivsten Vulkan Europas.

Iñaki Relanzón

Lorbeerwald auf La Gomera

Laurus azorica

SPANIEN/GARAJONAY-NATIONALPARK, LA GOMERA, KANARISCHE INSELN

Für die Regenwälder der Makaronesischen Inseln, in denen vornehmlich weichblättrige Pflanzen wachsen, ist der Nebel eine wichtige Wasserquelle. Die Ureinwohner der Kanarischen Inseln, die Guanchen, haben sich die Fähigkeit des Lorbeerwalds, große Mengen Wasser zu kondensieren, zunutze gemacht. Ein Stich aus dem 18. Jahrhundert zeigt Männer, die mit Krügen Wasser auffangen, das von den Ästen des „Quellbaums" herabrinnt. Bei dem Baum handelt es sich wahrscheinlich um ein Lorbeergewächs. Die Einwohner von El Hierro, der westlichsten der Kanarischen Inseln, gruben unter diesen „Quellbäumen" zudem Brunnen. Auf diese Weise konnten sie das kostbare Nass auffangen und über ein Grabensystem weiter auf die Felder leiten.

Iñaki Relanzón

Lorbeerwald auf La Palma

SPANIEN/TILOS-NATIONALPARK, LA PALMA, KANARISCHE INSELN

Die Nebelwälder der Makaronesischen Inseln, die gegen Ende des Tertiärs aus dem Atlantischen Ozean durch Vulkanaktivität entstanden, sind für ihren außerordentlichen Artenreichtum bekannt. Dank des günstigen, feucht-milden Klimas, des regelmäßigen Nebels und der fruchtbaren vulkanischen Böden hat sich auf den Inseln die Flora des tertiären Lorbeerwalds erhalten, der einst im europäischen Mittelmeerraum und Nordwestafrika verbreitet war. Die typischsten Pflanzen der Wälder gehören den Gattungen *Laurus*, *Ocotea* und *Ilex* an, allerdings in ihren endemischen Formen.

Iñaki Relanzón

DER WALD WAR FÜR DEN MENSCHEN VON JEHER VON
TIEFGREIFENDER BEDEUTUNG – ALS LEBENSRAUM, LIEFERANT
WICHTIGER RESSOURCEN, QUELLE RELIGIÖSER INSPIRATION
SOWIE ALS ORT DER RUHE UND ZUFLUCHT IN UNRUHIGEN ZEITEN.
DENNOCH WURDEN DIE WÄLDER EUROPAS IN DER VERGANGENHEIT STARK GERODET,
VOR ALLEM IM MITTELMEERRAUM UND AN DEN ATLANTIKKÜSTEN
IM SÜDEN DES KONTINENTS. DIEJENIGEN, DIE ERHALTEN BLIEBEN,
WURDEN IN DEN ALLERMEISTEN FÄLLEN SCHONUNGSLOS AUSGEBEUTET.
AUCH HEUTE NOCH BEWIRTSCHAFTET DER MENSCH DEN WALD
IN DER REGEL GEGEN BESSERES WISSEN VIEL ZU INTENSIV.
IN MITTELEUROPA GIBT ES INZWISCHEN VIELVERSPRECHENDE
ANREGUNGEN ZUR EINFÜHRUNG NEUER
WALDBAULICHER PRAKTIKEN.

DIE WÄLDER UND DER MENSCH

ES IST DRINGEND NÖTIG, SICH VOR AUGEN ZU HALTEN, WAS DEN ÖKOSYSTEMEN DER WÄLDER DURCH DIE KLIMATISCHEN VERÄNDERUNGEN UND DIE AUSWIRKUNG VERGANGENER WIE ZUKÜNFTIGER UMWELTBELASTUNGEN DROHT.

INZWISCHEN WERDEN GESETZE ZUM SCHUTZ VON LEBENSRÄUMEN UND ARTENVIELFALT ERLASSEN UND MAN BEMÜHT SICH SEHR UM EINEN ERHALT DER VERBLIEBENEN URSPRÜNGLICHEN WÄLDER. DURCH DIE WIEDERANSIEDLUNG VON VERDRÄNGTEN ARTEN SOWIE DEN SCHUTZ DER AM STÄRKSTEN BEDROHTEN SÄUGETIERARTEN UND VÖGEL SOLLTE IN DEN EUROPÄISCHEN WÄLDERN BALD WIEDER EINE GRÖSSERE BIODIVERSITÄT HERRSCHEN. DIE NICHT MEHR LANDWIRTSCHAFTLICH GENUTZTEN FLÄCHEN KÖNNTEN DER SPONTANEN RÜCKEROBERUNG DURCH DEN WALD ÜBERLASSEN WERDEN. DADURCH ENTSTÜNDEN NEUE LEBENSRÄUME FÜR ZAHLLOSE PFLANZEN- UND FLEISCHFRESSENDE WILDTIERE.

DER WALD, EIN HEILIGER ORT

WÄLDER DIENTEN DEN MENSCHEN SCHON IMMER AUCH ALS ORIENTIERUNGSHILFEN FÜR GEISTIGE UND SOZIALE ENTWÜRFE. IM ZEITALTER DER AUFKLÄRUNG WURDEN SIE AUF einen neutralen Ort der Natur reduziert. Doch über Jahrtausende hinweg galten Wälder überall auf der Welt als heilig. In Europa kannten Griechen, Römer und Germanen heilige Haine. Die Vorstellung des sakralen Waldes lässt sich bis in die Ritterepen des Mittelalters verfolgen.

ÜBERNATÜRLICHE NATUR

In vielen Kulturen galten Wälder mit ihren dichten Laubdächern als Schutzzonen oder natürliche Tempel. Sie boten Nahrung, Brennholz und Schutz vor Wind und Wetter und spiegelten exemplarisch den Kreislauf des Lebens von Werden und Vergehen. Zudem standen sie für die vier Elemente. Die Feen und Elfen, die zartesten Wesen der Fabelwelt, leben nach dem Volksglauben in den Lüften, Wolken und Winden. Sie gelten als Hüterinnen der Bäume und Sträucher und der gesamten Vegetation. Sirenen, Nixen, Najaden und Nymphen seien im feuchten Universum der Flüsse und Wildbäche, der Quellen und Brunnen zu Hause. Sie zeigen sich im Frühling, um am Erwachen der Natur teilzuhaben. In den Tiefen der Erde und unter dem Wurzelwerk der Bäume soll das Volk der Zwerge und Gnome leben. Ihre zerfurchten Gesichter mag man in der Rinde alter Bäume erkennen, während die Hüte der Pilze an ihre Mützen erinnern. Man stellte sich vor, dass sie im Herbst aus ihren Höhlen kommen, wenn die Pilze aus der Erde brechen und die Früchte reifen. Sie sicherten die Keimung und wachten über die unterirdischen Edelsteinvorkommen. Salamander, Eidechsen und Drachen schließlich leben in Flammen und in der Glut. Sie zeigen sich mit Eintritt des Winters. Durch all diese Fabeln, Mythen und Geschichten galt der Wald auch als düsterer Ort, in dem man böse Geister und gefährliche Wesen wie menschenfressende Trolle und blutsaugende Vampire zu fürchten hatte.

FABELHAFTE PFLANZEN UND MYSTISCHE TIERE

Auch einzelne Pflanzen und an erster Stelle wohl der Baum hatten Teil am Übernatürlichen. Heilige Bäume gibt es fast in allen Religionen der Welt. Als ambivalente Wesen, die den Himmel berühren und zugleich das Reich der Toten, die mit ihrem hohen Alter über die Vergänglichkeit zu triumphieren scheinen und majestätische Ausmaße erreichen können, wurden vor allem sehr alte Bäume verehrt. In ihnen spiegeln sich die elementarsten Strukturen der Welt wider. Sie stehen für das Leben, für Jugend, Unsterblichkeit und Weisheit. Weltenbäume verbinden Himmel, Erde und Unterwelt, der kabbalistische Lebensbaum ist Sinnbild der gesamten Schöpfung und der Baum der Erkenntnis vermittelt das Wissen um Gut und Böse. Die berühmte Welt-Esche Yggdrasil aus der nordischen Mythologie umfasste drei

Welten mit je drei Bereichen. Das Kronendach symbolisierte den Himmel, in dem die Götter und Elfen wohnten; am Fuß des Baumes lebten die Menschen und die Riesen, während sich im Erdreich zwischen dem Wurzelwerk die Reiche der Zwerge, Frostriesen und der Toten befinden. In anderen Gegenden Europas galten Eibe und Eiche als kosmische Bäume und Symbole der Weisheit, so zum Beispiel in Irland. Eichen wurden von Griechen und Römern, den alten Skandinaviern, den Germanen und Kelten mit Blitz und Donner in Verbindung gebracht. So waren sie dem germanischen Gewittergott Donar (Thor), dem keltischen Wettergott Taranis und dem griechischen Göttervater Zeus geweiht. Tatsächlich soll das Holz der Eiche den Blitzstrahl anziehen. Daneben war die Eiche das Zeichen der Priester, so etwa der Druiden („Druide" bedeutet „Eichenmann"). In Linden hausten Elfen und Drachen, die mit Fruchtbarkeit und später mit Gerechtigkeit gleichgesetzt wurden. Eiben, die über 5000, möglicherweise sogar bis 9000 Jahre alt werden können, werden oft mit dem Tod und Totengöttern assoziiert. Seit ewigen Zeiten werden sie im Mittelmeerraum an Grabstätten gepflanzt und bis heute sieht man sie oft auf Friedhöfen in ganz Europa. Die Linde, deren Blüten wegen ihrer beruhigenden Eigenschaften als traditionelles Heilmittel beliebt sind, galt Germanen und Slawen als heilig. In vielen Dörfern Mitteleuropas bildet eine Dorflinde das Zentrum. Im Mittelmeerraum und im Nahen Osten ist dagegen der Olivenbaum von größter Bedeutung.
Wegen des Öls, das man aus seinen Früchten gewinnt, spielte er von jeher nicht nur im kulturellen und religiösen Kontext eine wichtige Rolle, sondern auch im wirtschaftlichen, kulinarischen und medizinischen. Bei den alten Hebräern war er ein Symbol für Wohlstand, Überfluss und göttlichen Segen. Den alten Griechen war er der Baum der Athene, der Göttin der Weisheit, die auf der Akropolis den ersten Olivenbaum wachsen ließ. Der Olivenbaum war ebenfalls das Symbol Minervas, der römischen Entsprechung Athenes.

In Europa existieren noch zahlreiche 1000-jährige Bäume. Die bekanntesten stehen in Kulturlandschaften wie Parks, Gärten und Städten sowie in geschützten Wäldern. Beispiele sind die kleinblättrige Tassilo-Linde in Bayern, die Fortingall-Eibe in Schottland, die Eiche im Wald von Nordskoven in Dänemark, die Eiche von Bowthorpe und die kleinblättrige Linde von Westonbirt, beide in England. Solche Baumveteranen finden sich jedoch in großer Anzahl auch in naturbelassenen Primär- oder Urwäldern, wo sie unbekannt sind und nicht zu Heiligtümern erhoben wurden.

Außer Bäumen wurden auch viele andere Pflanzen mit magisch-religiösen Praktiken in Verbindung gebracht. So feierte man am 1. Mai in ganz Europa ein Fest zu Ehren des Weißdorns. Die Sträucher wurden mit Bändern und Blumen geschmückt, um die schönen Tage und die Fruchtbarkeit zu feiern. Efeu und Stechpalme, immergrüne Pflanzen, die Früchte zum Ende des Winters und Blüten im Herbst tragen, galten als Symbole der Ewigkeit, während die Eichenmistel ihre Heiligkeit ihrer Wirtspflanze verdankt. Laut Plinius dem Älteren schnitten die Druiden mit einer goldenen Sichel Mistelzweige von der Eiche. In einigen heutigen Traditionen finden sich noch Reste der alten Glaubensvorstellungen. Efeu schmückt immer noch Grabsteine, und an Neujahr werden als Glücksbringer für die kommenden zwölf Monate Mistelzweige geschnitten.

Die Tiere des Waldes spielten für die Ausprägung der Wertesysteme archaischer und traditioneller Gesellschaften eine Rolle. So kommen in sehr vielen Mythen Tiere vor, und manche gaben ganzen Stämmen ihren

Namen. Das betraf vor allem Stämme, nach deren Gründungsmythos der Urvater von einem weiblichen Steinbock, einem Mufflonschaf oder einer Wölfin gesäugt wurde.

Dabei ist das Bild des Säugens weniger als Nahrungsspende zu verstehen als vielmehr als Weitergabe der Eigenschaften des Tieres an das Kind. In der Medizin fanden tierische Produkte Verwendung bei der Herstellung von Salben, Pudern und Talismanen, die schützen sowie Kraft und Mut verleihen sollen.
So behandelte man zum Beispiel mit dem Fett von Füchsen oder Raubkatzen wie dem Luchs Gicht oder Nervenleiden.

Rotes Fleisch wurde mit der Manneskraft des Jägers assoziiert. In vielen früheren Gesellschaften war die Nahrungsbeschaffung eng mit religiösen Vorstellungen und sozialem Status verknüpft. So beschwor man in Ritualen eine erfolgreiche Jagd und belegte bestimmte Teile der Jagdbeute mit Tabus. Zudem waren die Tiere selbst, die als Fleischlieferanten dienten, Gegenstand der Verehrung. Fantastische Legenden entstanden.
Eine der am weitesten verbreiteten war die von der „Wilden Jagd", die in der europäischen Literatur zahlreiche Spuren hinterlassen hat. Die diversen okkulten Deutungen variieren je nach Zeit und Kulturkreis. Oft spielen dichte Wälder und die Verfolgung eines mystischen Tieres zu Pferd eine Rolle. Die Wilde Jagd wird gelegentlich auch mit der Eroberung eines neuen Territoriums assoziiert: Der Hirsch wird dann zum mystischen Stammvater des Klans.
In der nordischen Mythologie führt der Gott Wotan die Wilde Jagd an. Mit seinem Heer zieht er über den Himmel und entfesselt die Naturgewalten.

Die Großtiere wie Auerochse, Bär, Wisent und Asiatischer Löwe wurden zweifellos am meisten verehrt. Letzerer durchstreifte die Wälder Europas im **NEOLITHIKUM** und lebte in Griechenland bis in die Antike hinein. Aufgrund ihrer beeindruckenden Größe, ihres Muts und ihrer Schönheit wurden allen im Lauf der Jahrtausende vielfältige Tugenden zugeschrieben. Manche von ihnen erscheinen auch heute noch auf der Himmelskarte.
Viele waren in den zahlreichen Kulten des Nahen Ostens und des europäischen Mittelmeerraums präsent, bevor sie auch in die christlichen Symbolik Einzug hielten.

NEOLITHIKUM
Siehe Seite 169.

Den Bärenkult, der von Skandinaviern und Russen, Germanen, Slawen und Kelten gepflegt wurde, bekämpfte die Kirche jedoch. Sie versuchte, seine positiven Attribute wie Stärke und Stolz durch negative Eigenschaften zu ersetzen, und stellte ihn als grausam und blutrünstig dar. Schließlich wurde das heidnische Symboltier, das als König der Tiere verehrt und gefürchtet wurde, durch den Löwen, das mythische Tier des Ostens, abgelöst. Dieser avancierte im 18. Jahrhundert zum König der Tiere. Bis heute ist der Bär jedoch sehr präsent auf zahlreichen Wappen wie etwa dem der deutschen Hauptstadt Berlin.
Er war das Wappentier zahlreicher mächtiger Dynastien wie der Könige von Dänemark und Norwegen, der Markgrafen von Brandenburg und der Grafen von Toulouse.

DER WALD IN DER MENSCHLICHEN VORSTELLUNG

Die Wälder und ihre Bewohner wurden von der Kirche, die die heidnischen Religionen aus Europa verbannen wollte, lange Zeit als „wild und barbarisch" dargestellt. In der Folge bildeten sich weit entfernt von den Dörfern isolierte Gesellschaften der Waldbewohner aus, zu denen auch Handwerker wie Köhler oder Glasbläser gehörten. Ihren negativen Ruf verdankten die Wälder womöglich der Tatsache, dass sie Wegelagerern und Räuberbanden, aber auch Aufständischen und Geächteten als Schlupfwinkel dienten. In Irland gab das Volk den irischen Whiteboys, die Mitte des 18. Jahrhunderts gegen die englische Vorherrschaft kämpften, den Namen „Waldläufer".

In Frankreich suchten die protestantischen Kamisarden in den waldreichen Bergen der Cevennen Zuflucht, und die Buschwälder auf Korsika boten zahlreichen Verbrechern ein sicheres Versteck. Doch nicht immer riefen die Menschen, die außerhalb der Gesellschaft lebten, Angst oder Ablehnung hervor. Es gab berühmte Ausnahmen, wie die Legende von Robin Hood beweist, der mit seinen Gefährten im Sherwood Forest gelebt und sich für die Armen eingesetzt haben soll. Auch hier sehen wir, dass die Symbolik des Waldes von außerordentlicher Komplexität ist. Der Wald war nicht nur im negativen Sinne ein Ort der Gesetzlosigkeit, sondern auch ein Freiraum, an dem die etablierte Ordnung ihre Bedeutung verlor und der den Weg öffnete zu einer anderen Gesellschaft. So bewertete etwa der italienische Renaissancedichter Petrarca den Wald als Ort der Zuflucht vor dem bestehenden System sehr positiv. Bei Dante dagegen steht er in der „Göttlichen Komödie" für Sünde, Verirrungen und für das Abwenden von Gott. Für Boccaccio wiederum ist der Wald ein Lehrmeister; er symbolisiert die Geheimnisse der Sexualität. In der Malerei wird der Wald nur selten in seiner wilden Form dargestellt. Natürlich existieren auch hier Ausnahmen: Roelant Savery, ein holländischer Landschaftsmaler des 17. Jahrhunderts, bildete etwa einen vollständig unberührten Wald mit Windbruch, umgestürzten Bäumen und einer ungezügelten Fauna ab. Und die Maler der Schule von Barbizon (1840–1870) verewigten den Wald von Fontainebleau, als es dort noch viele gewaltige Bäume und Mengen von Totholz gab.

In den modernen westlichen Gesellschaften herrscht die Vorstellung vor, dass der Wald vor allem dem Menschen nützlich ist. Dazu kommen weitere positive Aspekte wie ästhetische, gesundheitliche oder ökologische. Im Bewusstsein der meisten dominiert das Bild des Waldes, das in Trickfilmen und Märchenbüchern vermittelt wird. Dennoch ist ein Bewusstsein für den Wald auch in den Städten festzustellen, was sich in Aktivitäten zum Schutz der alten Bäume oder in Aktionen zugunsten der letzten Urwälder ausdrückt.

Auch die vom Menschen geschaffenen sogenannten grünen Lungen mitten in den Städten sind Ausdruck einer gewissen Annäherung an die Natur. Der Wald, der spontan auf Feldern entsteht, die vom Menschen in Zeiten von Naturkatastrophen, Kriegen oder Epidemien aufgegeben wurden, ist hingegen nicht immer positiv konnotiert. Für manch einen steht der wilde Wald für Verirrung, göttlichen Fluch und Orientierungslosigkeit. Man sieht in ihm eine bloße Ballung lebendiger und toter Pflanzen und fürchtet das Auftauchen unheimlicher Wesen wie Schlangen oder Nager.

Was bleibt am Ende dieser Deutung des Waldes als Heiligtum und düsterer Ort? Sind die Mythen vergangener Zeiten wie auch die Ansichten der Gegenwart Relikte aus der Frühgeschichte der Menschheit? Einige Philosophen interpretieren die Mischung aus Angst, Ehrfurcht und Zuneigung zum Wald als Spuren dieses uralten Erbes.

Gemeiner Efeu

Hedera helix

ITALIEN/FORESTA UMBRA, NATIONALPARK GARGANO, APULIEN

Der Efeu ist eine Liane, die wie alle Pflanzen dieses Typs ihr eigenes Gewicht nicht tragen kann. Um ans Licht zu gelangen, klettert der Efeu mithilfe seines komplexen Klettermechanismus am Stamm von Laubbäumen nach oben. Seine zahlreichen Sprossen wickeln sich um den Stamm, indem sie sich mit Tausenden von „Haftwurzeln" daran festmachen. Es scheint manchmal, als würde der Efeu den Trägerbaum ersticken und ihm den Saft nehmen. Doch dieser Eindruck täuscht. Er ist kein Parasit, da er kräftige Wurzeln im Boden ausprägt und aus ihnen die nötigen Mineralstoffe zieht. Der Efeu lebt also in friedlicher Koexistenz mit dem Gastbaum, ohne ihn zu töten. Im Frühjahr, wenn dieser einen Teil seines Laubs neu bildet, versorgt er ihn im Gegenteil sogar mit Mineralstoffen.

Sandra Bartocha

Vierblättrige Einbeere

Paris quadrifolia

BELGIEN/HALLERBOS, FLÄMISCH-BRABANT

Die Einbeere oder Fuchstraube ist eine ausdauernde krautige Pflanze, die im Unterholz von Laubwäldern wächst. An ihren vier kräftigen, über Kreuz angeordneten Blättern und der sternförmigen Blüte, die im Frühjahr eine große, dunkelblaue Traubenbeere ausbildet, ist sie leicht zu erkennen. Die Früchte sind giftig. Jedoch finden alle Wirkstoffe der Pflanze in der Homöopathie Verwendung.

Maurizio Biancarelli

Morgennebel über einer Feuchtwiesenlandschaft

LITAUEN/NEMUNAS-DELTA-REGIONALPARK

Bevor die Europäer die ästhetische und ökologische Bedeutung der Feuchtgebiete erkannten, empfanden sie das Moor vor allem als bedrohlich. Bei der großen Masse an lebenden wie toten Pflanzen verlor man leicht die Orientierung. Zudem fürchtete man sich vor dem Auftauchen abstoßender und Unglück bringender Wesen aus dem Pflanzen- und Tierreich. Wenn man Moore trockenlegte, glaubte man, dadurch permanente Brutstätten „fauliger Pestdämpfe" zu beseitigen, die der Menschheit eine verhängnisvolle, jahrhundertelange Unfruchtbarkeit bescheren könnten.

Mark Hamblin

Nachtigall

Luscinia megarhynchos

UNGARN

Der an Harmonien und Tönen reiche Gesang der Nachtigall gehört zu den komplexesten der europäischen Vogelwelt. Das Repertoire des unauffälligen Bewohners offener Waldlandschaften ist ausgesprochen vielseitig. Es umfasst über 1300 Motive, Melodien, Triller und Pfiffe. Seit jeher wird der wunderschöne Gesang mit der Liebe in Verbindung gebracht.

Markus Varesvuo

Pilze

Pilze sind so schnell wieder verschwunden, wie sie aus dem Boden schießen. Es existieren essbare und giftige Arten. Manche Pilzgifte führen zum Tod, andere lösen Halluzinationen aus. Form und Farbe sind oft spektakulär, der Geruch zuweilen ziemlich intensiv. Da sie für den Menschen schwer erreichbar sind, haftet ihnen etwas Geheimnisvolles an.

Staffan Widstrand

Kahlschlag in der Taiga

FINNLAND/WALD IM OULANKA-NATIONALPARK, NORD-OSTROBOTHNIA

Die Taigaregionen der Erde sind durch die waldliche Übernutzung stark bedroht. Großflächige, wiederholte Kahlschläge sind eine übliche Praxis. Sie zerstören die natürliche Komplexität der Wälder, ihre pflanzliche Artenvielfalt und die Habitate der empfindlichsten Lebensformen. Dazu gehören Arten mit langsamer Ausbreitung, Tiere sowie zahlreiche Pilze, die von Totholz und Streu abhängig sind.
Doch der Mensch verbraucht nicht nur schonungslos Flächen und Holz, er baut auch große Fernstraßen, die die Fauna der Taiga massiv verdrängen.

Staffan Widstrand

Alpensteinbock

Capra ibex

ITALIEN/GRAN-PARADISO-NATIONALPARK, AOSTATAL

Der Steinbock wurde lange Zeit intensiv bejagt, umso mehr, als sogar seine Hörner, Hufe und Bezoarsteine für diverse medizinische oder magische Zwecke verwendet wurden.
Im 19. Jahrhundert war er in Europa so gut wie ausgestorben. Lediglich im Gran-Paradiso-Massiv in den italienischen Alpen war er noch vertreten. Anfang des 20. Jahrhunderts wilderte man in Gefangenschaft aufgezogene Tiere erfolgreich aus. Seither hat sich der Steinbock die alpinen Gebirgszüge zurückerobert. In Frankreich haben sich Populationen vom benachbarten Gran Paradiso aus spontan angesiedelt. Heute findet man sie auch in tiefer gelegenen Bergregionen, wo der Steinbock in Bergnadelwäldern über oder unter der Baumgrenze lebt. Aktuell leben in den Alpen wieder etwa 40 000 Tiere.

Erlend Haarberg

EINE LANGE GESCHICHTE

ES SCHEINT UNBESTRITTEN, DASS BEREITS DIE GESELLSCHAFTEN VON JÄGERN UND SAMMLERN, DIE EUROPA VOR 10 000 JAHREN ZU BEGINN DES HOLOZÄNS BEVÖLKERTEN, durch ihre kontrollierten Feuer, die Jagd, die Selektion von Pflanzen und die Entnahme von Holz die Wälder deutlich prägten. Doch erst als der Mensch sesshaft geworden war und sich die **NEOLITHISCHEN** Zivilisationen gefestigt hatten (in Europa vor ca. 7000 Jahren), wurden die Wälder des Holozäns unwiederbringlich gerodet, um das Land als Acker- und Weidefläche nutzbar zu machen. Im Mittelmeerraum verschwanden viele Wälder noch früher, während sie in den meisten Ländern Nordeuropas sowie in Teilen Mitteleuropas und in Osteuropa noch immer einen bedeutenden Teil der Landschaften einnehmen. In Westeuropa und im Mittelmeerraum nahm die Rodung der Wälder in der Bronze- und Eisenzeit und den folgenden Zeitaltern immer weiter zu.

Der Wald erfüllte für die Menschheit im Verlauf ihrer Geschichte die unterschiedlichsten Funktionen. Doch erst seit kurzer Zeit denken die Menschen darüber nach, wie sie ihn besser schützen können: durch eine nachhaltige, Ressourcen erhaltende Nutzung sowie durch strenge Schutzmaßnahmen für die wenigen ursprünglichen Wälder, für bestimmte Lebensräume sowie für Flora und Fauna.

DER WALD ALS LIEFERANT WERTVOLLER RESSOURCEN

Wälder liefern dem Menschen seit jeher zahlreiche Ressourcen für den Bau von Behausungen, für seine Ernährung, die Gesundheit und die Künste. Im Zuge der Völkerwanderung wurde Wissen verbreitet, neue Kenntnisse wurden erworben und es tauchten Pflanzen aus anderen Teilen Eurasiens auf wie zum Beispiel der Nussbaum, die Feige, die Kastanie und später auch Apfel- und Mandelbäume.

Pflanzen dienten damals zum einen der Ernährung wie zum Beispiel wilder Spargel, duftendes Labkraut, Haselnuss, Kirsche, Löwenzahn und Walderdbeere, zum anderen wurden sie wegen ihrer Heilkräfte geschätzt, so zum Beispiel Fingerhut, Besenginster, Ulme oder Schmerwurz. Oft zog man auch doppelten Nutzen aus den Pflanzen. So nutzte man Brombeeren als Nahrungsmittel und gleichzeitig zur Unterstützung der Blutzirkulation. Aus Schwarzem Holunder machte man Getränke und verwendete ihn als Färbemittel. Waldpflanzen finden Verwendung bei der Parfümherstellung (Rose), dienen als Gewürz in der Küche (Schwarzkümmel, Hopfen, Wacholder), werden destilliert, um ätherische Öle zu gewinnen (Koniferen), oder sind bekannt wegen des Giftes, das sie enthalten (die Samen der Eibe oder die Früchte des Efeus).

Holz diente in vorgeschichtlicher Zeit dazu, Feuer zu machen, um gefährliche Tiere zu vertreiben, Essen zu kochen und die Menschen zu wärmen, die darum herum saßen. Holz war auch das Grundmaterial zum Bau von Zäunen und Hütten, zur Herstellung von Fallen und Werkzeugen (Hartriegel, Heidekraut), von Waffen
Eibe), Möbeln (Eiche, Obstbäume und alle anderen Arten, deren Holz resistent gegen Pilzbefall ist wie Zypresse oder Zeder) und dekorativen Gegenständen.

NEOLITHIKUM
Siehe Seite 169.

Bestimmte Nutzhölzer sind auch heute noch sehr gefragt. Aus den borealen Zonen zum Beispiel eignet sich die Sibirische Lärche mit ihrem festen und elastischen Holz ausgezeichnet für den Hausbau. Das hat dazu geführt, dass an den Beständen Raubbau betrieben wurde. Russland verkauft das Holz in großen Mengen nach Mitteleuropa. Andere Koniferenarten wie die Sibirische Fichte oder die Waldföhre sind genauso begehrt. In den Wäldern der gemäßigten Zonen wird das harte und feste Holz der Eiche ebenso gern für Zimmer- und Tischlerarbeiten eingesetzt wie das Holz einiger Obstbaumarten. Aus dem Holz kleinerer Bäume wie Hartriegel und Spindelbaum wird unter anderem Werkzeug hergestellt. Bestimmte Eichenarten wie die Korkeiche (*Quercus suber*) werden ihrer Rinde wegen angebaut, andere wie die Steineiche (*Quercus ilex*) wegen ihres Tannins. Koniferen liefern ebenfalls Harz, so etwa die Strandkiefer (*Pinus pinaster*).

In diesem Zusammenhang sind auch die Pilze zu erwähnen. Viele Sorten sind essbar wie zum Beispiel Trüffel, Steinpilz, Pfifferling und Champignon, andere werden als Psychopharmaka eingesetzt. So wird etwa der Fliegenpilz von Schamanen zur Erzeugung ekstatischer Zustände genutzt.

Der Mensch hat darüber hinaus zahlreiche Tiere des Waldes gejagt, verzehrt und als Nutztiere eingesetzt – Wirbellose (Schnecken, Bienen) und Wirbeltiere, von den Amphibien bis hin zu Säugetieren und Vögeln. Einige Waldtiere hat er gezähmt, so den Auerochsen, Vorfahr des Rindes, den Tarpan, Vorfahr des Pferdes, das Rentier, das Wildschwein und den Wolf, den Vorfahren aller Hunde.

DIE SÄUGETIERE

Die Säugetiere nehmen in der Menschheitsgeschichte eine Sonderstellung ein. Von Anbeginn der Zeit wurden sie wegen ihres Fleisches und ihres Fells gejagt, aber auch wegen besonderer Attribute wie Geweihen, Hörnern oder Duftdrüsen.

Der Ausrottung von Tieren durch den Menschen haben Schutzprogramme in Schutzgebieten oder in freier Wildbahn sowie Wiederansiedlungen in den letzten Jahrzehnten entgegengewirkt. Die unterschiedlichen europäischen Gesellschaften waren bei der Reduzierung der Fauna im Übrigen nicht gleichermaßen effizient. Die Tiere haben zudem ihre Schutzmechanismen: Sie fliehen vor Gefahr, verstecken sich an abgelegenen Orten und nutzen Zeiten zurückgehender Verfolgung, um verlorenes Terrain zurückzuerobern. Nichtsdestotrotz steht ihre schwankende Zahl seit jeher in Zusammenhang mit der Geschichte des Menschen, der Bejagung oder Wilderei, politischen Entscheidungen und königlichen Erlassen, Kriegen und Schutzmaßnahmen. Zahlreiche Arten sind sehr anpassungsfähig und fügen sich bestens in eine auf menschliche Bedürfnisse zugeschnittene Umgebung ein. Manche siedeln sich in der Nähe menschlicher Behausungen an, wo sie bis zu einem bestimmten Punkt toleriert werden.

Bereits seit der Antike wurde der Wildtierbestand im Nahen Osten stark reduziert. Zum einen war die Jagd eine bei den Mächtigen sehr beliebte Freizeitbeschäftigung. Zum anderen wurden viele Wildtiere in Tierparks gehalten. Die römischen Zirkusspiele dezimierten das Großwild Nordafrikas, des Mittelmeerraums und der

NEOLITHIKUM
Siehe Seite 169.

PLEISTOZÄN
Siehe Seite 76.

gemäßigten Zonen Europas zusätzlich. Auch der Fellhandel trug in den gemäßigten Klimazonen Eurasiens mit strengen Wintern dazu bei, dass es in den Wäldern immer weniger Tiere gab. Die Felle von Otter, Luchs, Biber, Vielfraß, Wolf, Bär, Eichhörnchen, Nerz und Zobel waren im gesamten Abendland lange Zeit Statussymbole und ein ausgesprochen wichtiger Gegenstand des Tauschhandels zwischen dem Norden und dem Süden Europas. So überstieg die Ausbeute der baltischen und slawischen Länder im 14. Jahrhundert eine Million Felle pro Jahr, wovon die allermeisten Eichhörnchenfelle waren.

Besonders wurde das Großwild wie Wisent, Elch und Auerochse gejagt, die größten Pflanzenfresser Europas. In den Jahrtausenden vor und nach der letzten Eiszeit besiedelten diese drei Spezies weite, sich zum Teil überlappende Gebiete zwischen Mitteleuropa und den baltischen Wäldern. Der Lebensraum des Auerochsen, eines mächtigen Wildrindes mit gewaltigen Hörnern, erstreckte sich wahrscheinlich vom Nahen Osten bis in den Norden Skandinaviens. Im **NEOLITHIKUM** war die Population noch riesig, wovon Funde an archäologischen Grabungsstätten zeugen, doch sie nahm in den folgenden Jahrtausenden rasch ab. Die Domestizierung des Rindes führte dazu, dass seine wilden Konkurrenten verstärkt bejagt und verfolgt wurden. So begann die Ausrottung des Auerochsen in ganz Europa lange vor dem Mittelalter. In Mitteleuropa starb er allerdings erst später aus. Im 16. Jahrhundert war der Auerochse aus Russland verschwunden; nur noch in den Wäldern von Jaktorow nahe Warschau lebten etwa 100 Exemplare. Die Bemühungen des polnischen Königs, die Art zu retten, misslangen. Die gesamte Herde erlag im Jahr 1627 einer Epidemie.

Der zweite große Bovide (Hornträger) Europas, der Wisent, bewohnte nach der letzten Eiszeit ein riesiges Gebiet, das sich über den gesamten Kontinent vom Mittleren Osten bis zur Iberischen Halbinsel erstreckte sowie über den Norden und Süden Skandinaviens und das Baltikum bis Kaukasien im Osten. Der Wisent wurde durch die Felszeichnungen in den Höhlen von Lascaux in Frankreich und von Altamira in Spanien in seiner Gestalt des **PLEISTOZÄNS** (wahrscheinlich der des *Bison priscus*) unsterblich. Er verschwand wie der Auerochse in den Mittelmeerzonen sehr früh, überlebte in den gemäßigten Zonen Europas jedoch länger. Im Osten Frankreichs, in der Schweiz und in Pommern ist er noch im 11. Jahrhundert bezeugt, in Litauen bis ins 16. Jahrhundert hinein. Ende des 19. Jahrhunderts existierte nur noch eine einzige Population im polnischen Białowieża an der Grenze zu Weißrussland. Die Unterart des Berg-Wisents (*Bison bonasus caucasicus*), die im Kaukasus überlebt hatte, musste trotz aller Versuche, ihn zu schützen, vor Jagd und Wilderei kapitulieren. Dagegen konnte der im Flachland lebende Wisent (*Bison bonasus*) durch die Vermehrung von Zootieren vor der Ausrottung bewahrt werden. 1929 brachte man sechs Tiere in den Wald von Białowieża, jedoch zunächst in ein Gehege. Sie bildeten die Urzelle für mehrere Herden, die seither ausgewildert wurden. Nach 1946 entstanden immer mehr Zuchtstätten. Nach Auskunft der „Large Herbivore Foundation" (Stiftung für große Pflanzenfresser) stieg die Zahl der Wisente oder Europäischen Bisons auf 4230, von denen 2700 wild leben.

Der Elch (*Alces alces*), der ursprünglich auch in den feuchten, sumpfigen Wäldern Galliens verbreitet war, starb dort zwischen dem 9. und 10. Jahrhundert aus. In Deutschland, wo er erst nach und nach verschwand, gab es zu dieser Zeit noch einen großen Bestand. Heute findet man ihn nur noch im Norden Europas, in Skandinavien, im Baltikum und in Russland sowie in einigen östlichen Ländern. Dort wurde er – wie in Polen – zum Teil ausgehend von russischen Populationen wieder angesiedelt.

Andere, kleinere Pflanzenfresser wurden ebenfalls übermäßig bejagt, so der Steinbock (*Capra ibex*), der fast gänzlich aus Europa verschwunden war. Anfang des 19. Jahrhunderts gab es im gesamten Alpenraum nur noch etwa 100 Tiere im italienischen Nationalpark Gran Paradiso. Zum Glück verliefen die Wiederansiedlungen überaus erfolgreich. Heute wird die Zahl der Steinböcke auf annähernd 40 000 Tiere geschätzt. Ähnliche Erfolge konnte man beim Rothirsch (*Cervus elaphus*) und der Gämse (*Rupicapra rupicapra*) erzielen. Dennoch stellen die heutigen Populationen von Pflanzenfressern lediglich einen Bruchteil des Bestands von vor 10 000 Jahren dar.

Auch die Fleischfresser (Karnivoren) wurden vom Menschen nicht verschont, doch haben fast alle überlebt. Eine Ausnahme bildet der Asiatische Löwe (*Panthera leo persica*), der ursprünglich aus Afrika (Äthiopien) stammt, sich aber Teile des Mittelmeerraums (Ägypten, Türkei, Griechenland) und Mitteleuropas (Bulgarien, Ungarn, Ukraine) erobert hatte. Das Verschwinden dieser Löwenart liegt in den gemäßigten Zonen Europas so weit zurück, dass ohne Zweifel natürliche Ursachen dafür verantwortlich sind. Dagegen war es die Schuld des Menschen, dass er zwischen dem 10. und 5. Jahrhundert v. Chr. aus den mediterranen Wäldern Griechenlands verschwand. Bis ins 19. Jahrhundert hinein konnte er sich in den entlegenen Bergregionen im Westen der Türkei halten. Heute überlebt der Asiatische Löwe mit Mühe in Nordindien, dem östlichsten Zipfel seines ehemaligen Verbreitungsgebiets. Der kaukasische Leopard hat wildlebend bis in die 1980er Jahre fortbestanden. Erst 2009 wurde er auf der russischen Seite des Kaukasus wieder angesiedelt. Der letzte kaukasische Tiger wurde 1922 in Georgien, in der Gegend von Tiflis, getötet.

Bär, Luchs, Wolf und Vielfraß wurden im Lauf der Jahrhunderte auf unterschiedliche Art dezimiert. Sie wurden Opfer von Hetzjagden, Gift, Totschlagfallen und Pfahlfallen. Bären starben häufig in qualvoller Gefangenschaft als Tanzbären. Vielfach wurde die Ausrottung der Karnivoren durch Prämien gefördert. In Russland wurden zum Beispiel zwischen 1925 und 1990 1,5 Millionen Wölfe getötet! Inzwischen hat sich die Situation insbesondere für die großen Arten umgekehrt. In vielen Ländern wird das Töten heute mit Geld- oder sogar Gefängnisstrafen geahndet.

Vor allem durch die Einrichtung von ausgedehnten Schutzgebieten in den nordischen Ländern (Fennoskandinavien, Baltikum, Russland) nahmen die Karnivoren einen Teil ihrer ehemaligen Territorien wieder in Besitz. Doch nicht überall genießen sie ausreichenden Schutz; autorisierte Abschussquoten und Wilderei existieren noch heute. Eine Bilanz von 2010 vermittelt eine Vorstellung von den Populationsgrößen: In den nordischen Ländern wird die Bärenpopulation auf 4000 Exemplare geschätzt, die des Eurasischen Luchses auf 2500, die Zahl der Vielfraße auf 700 und die der Wölfe auf 220. Der Wolf, der fast 20 Jahre lang aus Skandinavien verschwunden war, hält dort heute wieder Einzug. Weitere Populationen großer Fleischfresser werden in Rumänien beobachtet (3000 Wölfe und 6000 bis 7000 Bären), in Weißrussland (1500 bis 2500 Bären, etwa 2000 Wölfe und ca. 250 Luchse) sowie auf dem Balkan (3000 bis 3500 Bären). In Russland werden mit 30 000 Bären und 40 000 Wölfen die größten Raubtierpopulationen gezählt, während in Deutschland aktuell ca. 80 Wölfe erfasst sind und ein kontinuierliches Ansteigen der Luchspopulation verzeichnet wird.

Insgesamt stellt sich die Situation der großen Raubtiere im Norden und Osten Europas besser dar als im Westen und teilweise in Mitteleuropa. Für den Luchs, der Ende des 19. Jahrhunderts in den Alpen ausgerottet war, wurden in den 1970er Jahren Programme zur Wiederansiedlung initiiert: eines im Nordwesten der Alpen, an dem die Schweiz, Frankreich und Italien beteiligt waren, und eines im Osten, durchgeführt von Slowenien und Österreich. Auch in den französischen Vogesen wurde er neu angesiedelt.

Die Überlebenden der großen Populationen von Bären, die Westeuropa bis zum Mittelalter bevölkerten, sind nur noch in drei Kerngebieten zu finden: in den Pyrenäen (zwischen 16 und 20 Exemplare), in den Kantabrischen Kordilleren in Spanien (ca. 140 Exemplare) und in den Abruzzen in Italien (45 Exemplare). Von Italien und Slowenien aus wandern immer wieder einzelne Exemplare in die Nachbarländer Schweiz und Österreich. In den Ukrainischen Karpaten leben noch 400 Bären.

Der Wolf, der in Mittel- und Westeuropa bis ins 18. Jahrhundert hinein weit verbreitet war, existiert in den gemäßigten Zonen aktuell nur noch in den Gebirgszügen der östlichen Länder. Im Westen ist er aufgrund von Schutzmaßnahmen wieder auf dem Vormarsch, und die ursprünglich aus den italienischen Alpen stammenden Wölfe haben sich seit 1999 wieder in Frankreich in den östlichen Pyrenäen angesiedelt. Im Winter 2010/11 war in nachweislich 27 Gebieten eine ständige Population vorhanden. In 20 dieser Siedlungsgebiete leben strukturierte Rudel. In Frankreich gibt es Schätzungen zufolge etwa 200 Wölfe, die sich neuerdings nach Nordosten ausbreiten. Auch in Spanien wurden italienische Wölfe beobachtet, die sich wohl in naher Zukunft der auf 2000 Tiere geschätzten spanischen Population anschließen werden.

Nicht zuletzt hat Europas Waldfauna auch unter der Ansiedlung fremder Arten gelitten. Die in erster Linie für die Jagd eingeführten Tiere traten in vollem Umfang in Konkurrenz zu den einheimischen Arten. In vielen Regionen handelt es sich dabei um den Damhirsch (*Dama dama*) oder den Mufflon (*Ovis ammon musimon*). Nur auf Sardinien kann man auch einheimische Exemplare antreffen. Gleichzeitig ist gelegentlich zu beobachten, dass domestizierte Arten wieder verwildern, so etwa die Katze, die zur Wildkatze wird, oder bestimmte Pferderassen und in einigen Gebieten auch Schweine. Außerdem durchstreifen wilde Pferde immer noch die großen Inseln im Donaudelta in Rumänien. Die Hauskatze findet sich in sämtlichen Wäldern Europas, wenn Dörfer in der Nähe sind.

DIE VÖGEL

Eine exzessive Bejagung der Vögel sowohl in den Brutgebieten als auch in den Winterquartieren hat die Populationen extrem verändert. Zudem verkleinerten sich die Lebensräume zahlreicher Arten drastisch. Die *Tetraonidae* (Waldhühner, Haselhühner) der Bergregionen Europas, die *Ardeidae* (Reiher, Ibisse) der Flussauen und -deltas sowie die Zugvögel unter den Tauben und Sperlingsvögeln wurden während ihrer Wanderungen in die Winterquartiere stark dezimiert. Durch Schutzmaßnahmen in einigen Ländern nimmt ihre Zahl jedoch wieder zu.

Im 19. Jahrhundert sorgte der Handel mit Federn für einen starken Rückgang sämtlicher Arten der Gattung Egretta aus der Familie der Reiher. Heute bestehen die Bedrohungen vor allem in der Intensivierung von Forst- und Landwirtschaft, der Trockenlegung von Feuchtgebieten, Intoxikationen durch Industriegifte bei Raubvögeln wie Falken und Aasgeier. Man kann jedoch feststellen, dass viele früher stark bedrohte Arten dank intensiver Schutzmaßnahmen ihre alten Territorien wieder zurückerobern. Dazu gehören der Schwarzstorch und der Silberreiher, die beide ein außergewöhnliches Comeback erleben.

Männliches und weibliches Auerhuhn

Tetrao urogallus

SCHWEDEN/BERGSLAGEN

Das Auerhuhn, der größte Hühnervogel Europas, lebt bevorzugt in Nadelwäldern und ist seit jeher in der eurasischen Taiga beheimatet. Dort findet es besonders günstige Bedingungen vor. Die Hühnervögel sind angewiesen auf Nadelbäume, die ihnen während, die ihnen während der langen Wintermonate Unterschlupf und Nahrung bieten. Das Fortpflanzungsverhalten der Hähne ist äußerst spektakulär. Der Hahn fächert seine langen Schwanzfedern auf, hebt den Kopf, streckt den Hals und stößt mehrmals hintereinander gutturale Rufe aus. Er endet mit einem Geräusch, als würde ein Korken aus einer Flasche gezogen. Das Prachtkleid des Auerhahnes ist enorm kontrastreich und farbenprächtig.
Das Brustgefieder schillert auf Höhe des Kropfes je nach Lichteinfall in metallischen Grün- und Violetttönen.
Über den runden Augen mit brauner Iris leuchten scharlachrot die so genannten „Rosen", fleischige Hautlappen, die während der Balz an Größe und Farbintensität zunehmen.

Erlend Haarberg

Rotfuchs

Vulpes vulpes

DEUTSCHLAND/CHARLOTTENBURG, BERLIN

Der Fuchs, der eine bemerkenswerte Anpassungsfähigkeit an den Tag legt, wird von den Menschen nicht immer gern gesehen. Einige bewundern seine Intelligenz, andere halten ihn für hinterhältig, feige, arglistig und diebisch. Wenn er Hühner aus dem Hühnerhof holt oder Kleinwild jagt, tritt er in Konkurrenz zum Menschen. Deshalb wird er oft als Plage angesehen. Des Weiteren ist er als Überträger von Tollwut bekannt. Der negative Ruf erklärt, weshalb der Fuchs auf so vielfältige Weise zur Strecke gebracht wurde. Viele seiner ursprünglichen Lebensräume sind inzwischen zerstört. Doch bereits seit Langem haben die Füchse unsere Städte als neue Lebensräume erobert. Daher ist die Populationsdichte in Städten wie Bristol, München oder Berlin höher als in der sogenannten Wildnis.

Florian Möllers

Silberreiher

Egretta alba

UNGARN

Der über alle Kontinente verbreitete Silberreiher und andere Arten aus derselben Familie haben stark unter der Hutmode mit Federschmuck gelitten. Sie hat dazu geführt, dass die Tiere in Massen getötet wurden.
In der zweiten Hälfte des 20. Jahrhunderts kamen Federn aus der Mode. Zu dieser Zeit existierte der Vogel in Europa bereits nur noch im Donauraum. Gut organisierte Schutzmaßnahmen haben dafür gesorgt, dass die überlebenden Populationen in Österreich und Ungarn inzwischen gewachsen sind, und zurzeit breitet der Silberreiher sich wieder in Westeuropa und im Mittelmeerraum aus.
Die Vögel nisten in ausgedehnten Schilfgürteln an Seen und Flüssen oder in mit Buschwerk bestandenen Sumpfgebieten. In den vergangenen 20 Jahren sind neue Kolonien in Ungarn, Frankreich, Österreich, Deutschland und in den Niederlanden entstanden. Im Winter trifft man Silberreiher in Mitteleuropa an und weiter nördlich bis an die Grenzen Dänemarks.

Markus Varesvuo

Terrassenkultur

PORTUGAL/MADEIRA

Im Gegensatz zu den Kanarischen Inseln wurde Madeira erst im 15. Jahrhundert kolonialisiert. Der Lorbeerwald, der damals die gesamte Insel bedeckte, wurde relativ bald gerodet, um den Holzhandel zu beliefern und die große Nachfrage für den Schiffsbau zu befriedigen. Außerdem brauchte man Platz für den Zuckerrohranbau. Zucker war damals noch ein seltenes und sehr teures Produkt in Europa.
Im 18. Jahrhundert, als sich der Niedergang der Zuckerproduktion abzuzeichnen begann, waren die ursprünglichen Wälder fast vollständig verschwunden.
Noch heute wird auf Madeira der Terrassenfeldbau praktiziert. Gestützt von Trockenmauern, weisen die Abhänge der Insel eine außergewöhnliche Pflanzenvielfalt auf. Dank des fruchtbaren vulkanischen Bodens und des milden Klimas wächst hier praktisch alles.

Milán Radisics

Marienfels (Mariina skála) und Rudolfstein (Rudolfův)

TSCHECHISCHE REPUBLIK/JETRICHOVICE, NATIONALPARK BÖHMISCHE SCHWEIZ (ČESKÉ ŠVÝCARSKO), BÖHMEN

Die europäischen Landschaften verdanken ihre Schönheit nicht zuletzt spektakulären geologischen Formationen. In der Böhmischen Schweiz gibt es viele steile Felswände mit unterbrochenen Pinienwäldern. Die Bäume dort sind knorrig und verwachsen wie etwa am Marienfels und am Rudolfstein.

José B. Ruiz

Hirschkäfer

Lucanus cervus

MOLDAWIEN/WALDRESERVAT CODRII

Das Säubern des Waldes von Tot- und Altholz, eine noch immer in vielen europäischen Wäldern verbreitete Praxis, bedeutet in letzter Konsequenz das Todesurteil für jegliche Populationen des mit geweihartigen Mundwerkzeugen (Mandibeln) ausgestatteten Hirschkäfers – wie auch für viele andere Insekten des Waldes. Die Weibchen der prähistorisch anmutenden Spezies legen ihre Eier in mürbem Totholz sowie im Wurzelwerk toter oder kranker Bäume ab. Dabei bevorzugen sie Eichen und vor allem solche, die in Flussnähe wachsen.
Die Larven brauchen vier Jahre, bis sie sich verpuppen und schlüpfen, um dann als Adulte manchmal nur wenige Monate zu leben.

Laurent Geslin

SIND DIE WÄLDER IN GEFAHR?

DIE BEWALDETEN GEBIETE, DIE UM 500 N. CHR. NOCH VIER FÜNFTEL DER FLÄCHE MITTEL- UND WESTEUROPAS AUSMACHTEN, WAREN 800 JAHRE SPÄTER BEREITS UM DIE HÄLFTE geschrumpft. Im Mittelmeerraum begannen die Rodungen bereits in der Antike.

In den gemäßigten Zonen Europas waren es vielfach Mönche, die die Wälder rodeten. Sie sahen in der Bearbeitung des Bodens einen Akt des Glaubens, der die Vorherrschaft des Menschen über die Natur bestätigte. Die Benediktinermönche des 7. und 8. Jahrhunderts verbreiteten die Vorstellung, dass die Überführung von Wildnis in nutzbares Land eine Möglichkeit sei, die Ursünde abzubüßen.
Mit der Unterstützung gläubiger Monarchen siedelten sich religiöse Orden in abgelegenen Gegenden an, um Gott zu verherrlichen und die Bewohner zu bekehren. Zwischen dem 11. und 14. Jahrhundert erreichten die Rodungen einen Höhepunkt. Grund dafür war das Wachstum der europäischen Bevölkerung, deren Zahl von 18 Millionen im Jahr 600 auf 39 Millionen um das Jahr 1000 anstieg und zu Beginn des 13. Jahrhunderts bei 75 Millionen lag.
Diese Entwicklung stagnierte während der Pestepidemien des 14. Jahrhunderts vorübergehend. Jedoch herrschte in dieser Zeit eine besonders starke Nachfrage nach Ackerboden und Weideland. Zudem wurde das Ideal des *Dominium terrae*, der „Herrschaft über die Erde", zu dieser Zeit von der Kirche sehr gefördert.

Von Beginn des 16. Jahrhunderts an nahm die Abholzung der Wälder weiter zu. Diesmal war die rapide Entwicklung des Handels die Ursache. Schiffsbau und Waffenproduktion boomten. Dafür brauchte man Holz und Holzkohle, um die Öfen für die Eisenherstellung zu befeuern. Im europäischen Vergleich gab es dort mehr entwaldete Gebiete, wo die Industrialisierung am weitesten fortgeschritten war, im Westen Europas. Die intensive Abholzung dort trug in einer Art Dominoeffekt dazu bei, die nicht weniger intensive Ausbeutung der nordischen Wälder in Gang zu setzen.

Die Entwaldungen hatten schwerwiegende Folgen für den Boden, die Landschaften und die Fauna. Sie veränderten die Bedingungen für die Wasserabführung, beschleunigten die Erosion der Berghänge und beraubten die schwächsten Arten des Waldes ihres Lebensraums. In der Mittelmeerregion mit ihrem ariden Klima verstärkten die Rodungen die Trockenheit, ruinierten die Böden und ließen die Quellen versiegen. In den Gebieten der atlantischen Klimazone hat sich die Qualität der Erde über saurem Gestein derart verschlechtert, dass eine Wiederaufforstung schwierig ist.

Die Vereinzelung der Waldgebiete zog außerdem die Ausrottung all jener Arten nach sich, die ein beständiges Waldumfeld zur Fortpflanzung benötigen. Dazu gehören Flechten und bestimmte Insekten, die lange brauchen, um sich an einem Ort anzusiedeln. Durch exzessive Rodungen verschwanden zahlreiche Habitate und das Verhältnis zwischen Raubtier und Beute veränderte sich. So nimmt in sehr kleinen, sehr isolierten Wäldern die Zahl der Vogelarten ab. Dafür nehmen die Populationen der verbleibenden Arten zu, da sie weniger natürliche Feinde haben. So gibt es in den kleinen Wäldern Belgiens etwa zehnmal so viele Blaumeisenbrutpaare wie in den riesigen Urwäldern von Białowieża in Polen.

DIE GEFÄHRDETSTEN WÄLDER

Am dramatischsten waren die Auswirkungen der Rodungen auf die europäische Waldlandschaft an den Ufern von Flüssen, auf den Inseln im Atlantik und im Mittelmeer sowie in den Wäldern der mediterranen Ebenen.

Die Auwälder wurden abgeholzt, um Acker- und Weideland zu gewinnen, Treidelpfade anzulegen oder die Flächen anderweitig zu nutzen. Am frühesten wurde mit Rodungen in den Flussdeltas von Po, Ebro und Rhone begonnen. Ihnen vorausgegangen war die Abholzung der jeweiligen Abflussgebiete, was die Erosion der Hänge beschleunigte und die Ablagerungen in den Flüssen ansteigen ließ. Bezogen nur auf die großen Ebenen, schätzt man heute, dass die Auwälder Europas in geschichtlicher Zeit zwischen 80 und 95 Prozent ihrer ursprünglichen Fläche einbüßten! Insbesondere der Wasserbau im 19. und 20. Jahrhundert machte die Abholzung der letzten Feuchtwälder notwendig, vor allem am Oberrhein.
Die Arbeiten veränderten das natürliche Funktionieren der Feuchtgebiete und der noch verbliebenen Wälder tiefgreifend, indem sie das Herz des gesamten Ökosystems vernichteten: den pulsierenden Wechsel von ansteigendem und abfallendem Hochwasser. Rhein und Rhone in Westeuropa sind die traurigsten Beispiele für diese Entwicklung. Hier haben das Unterdrücken von Überschwemmungen und die Stabilisierung des Grundwasserpegels den Auwäldern ihre Besonderheit genommen, nämlich ihre hohe Primärproduktivität, das heißt die Fähigkeit, organisches Material aus anorganischen Substanzen aufzubauen. Sie wurden unter anderem Opfer von Bepflanzung und intensiver Bewirtschaftung, die nur langsam und nur zum Teil rückgängig gemacht werden konnten. So kommt es, dass sich die von Natur aus überreiche Flora und Fauna der Auwälder entlang großer Flüsse mit ihrer Mischung aus Weich- und Hartholz nur noch in einigen wenigen geschützten Gebieten findet. Viele Arten, die an spezielle Lebensräume gebunden sind wie zum Beispiel temporäre Tümpel, die ungemein wichtig sind für die Fortpflanzung der Amphibien, fehlen in diesen Wäldern, da es keine dynamischen, unvorhergesehenen Überschwemmungen mehr gibt.

In den europäischen Deltas von der Wolga bis zum Guadalquivir sind Wälder rar geworden. Zum Teil existieren sie gar nicht mehr, weil sie abgeholzt oder zu intensiv bewirtschaftet wurden oder zunehmend versalzen. Da Dämme gebaut und die Wasserläufe künstlich reguliert wurden, blieben nicht einmal die Grundvoraussetzungen für das Funktionieren eines Deltas erhalten. Das Leben in diesem Ökosystem basiert auf der schwankenden, zufälligen Verteilung von Ablagerungen aus den Flüssen und auf dem Eindringen von Meerwasser. Negative Auswirkungen auf Lebensräume und Arten haben auch die intensiv betriebene Landwirtschaft, die Jagd und der Massentourismus. Die wirtschaftlichen Herausforderungen der heutigen Zeit lassen nicht darauf hoffen, dass die Auwälder zu ihrer alten Pracht zurückfinden. Das Gleiche gilt auch für die Flusstäler, die in Nationalparks, Biosphärenreservate (entsprechend der 1975 in Kraft getretenen Ramsar-Konvention zum Schutz von Feuchtgebieten) und Naturschutzgebiete verwandelt wurden. Zu den streng geschützten Gebieten zählen die Donau-Auen sowie die Mündungsgebiete von Ebro, Rhone und Po.
Die Auwälder in den großen Niederungen garantieren dank ihrer natürlichen Reinigungsfunktion des Hochwassers eine gute Trinkwasserqualität. Die Wurzeln der Bäume vermindern die Erosion der Uferböschungen und das Hochwasser kann nicht ganz so stark ansteigen, da die Wälder seine kinetische Energie brechen. Sie reichern das Wasser mit organischem Material an und sorgen so für einen größeren Fischreichtum. Dieser stellt zusammen mit dem Holz der Bäume wiederum eine wichtige Ressource für die Menschen dar, die in den großen Ebenen leben.

In einigen Feuchtgebieten wurden große Anstrengungen unternommen, um wenigstens einen Teil der verlorenen Schätze zurückzugewinnen und das noch Bestehende zu erhalten. Neue Konzepte zielen ausdrücklich darauf ab, den Wasserläufen „einen Raum uneingeschränkter Mobilität" zu erhalten. Der Raum ist definiert als erweitertes Flussbett, innerhalb dessen Grenzen das Wasser über die Ufer treten kann. Es wurden freiwillige Aktionen durchgeführt, um die Entnahme von Kies zu begrenzen beziehungsweise zu verbieten, um die Gewässer von Schadstoffen zu reinigen und Hydraulikanlagen herunterzufahren oder ganz abzubauen. Es existieren auch Initiativen für eine extensive Landwirtschaft, die das Einbringen von Schadstoffen beschränkt, und für die Rückkehr zum Baden in sauberem Wasser. Solche Vorschläge sind zu begrüßen, zeigen sie doch, dass man in unseren Gesellschaften zur Einsicht gekommen ist. Die Erkenntnis wiederum ist unverzichtbar, will man den Weg von Schutz und Renaturierung weitergehen.

Der Wald, der früher die Inseln Europas bedeckte, hat unter der dichten Besiedlung durch den Menschen gelitten, im Mittelmeerraum genauso wie im Atlantischen Ozean oder in Nord- und Ostsee. Generell werden die Inselwälder stark ausgebeutet. Es sei denn, sie stehen unter ausreichendem Schutz wie auf manchen Ostseeinseln oder sie erobern sich von der Landwirtschaft aufgegebenes Territorium zurück wie vor allem auf Korsika. Dass die Ökosysteme der Inseln so gefährdet sind, liegt daran, dass sie isoliert und relativ klein sind, was die Populationen anfällig macht im Falle von Abholzung, Unwetter, Erosion und der Einwanderung exotischer Arten.

Die Wälder auf den Mittelmeerinseln bedecken nur noch einen Bruchteil ihrer ursprünglichen Fläche, da sie bereits sehr früh gerodet wurden. Bis auf die höher gelegenen Regionen einiger Gebirge auf Zypern, Korsika und Sizilien oder den Makaronesischen Inseln (Kanaren, Kapverden, Madeira, Azoren) wurde die überwiegende Mehrheit der Mittelmeerinseln entwaldet. Dort, wo die Landwirtschaft auf dem Rückzug ist, weil der Boden nicht genügend Ertrag bringt, gewinnen sie heute ihre Territorien langsam zurück.

BEWALDETE FLÄCHEN

Die Wälder nehmen etwa 45 Prozent der Gesamtfläche Europas ein, sind also noch sehr präsent. Doch es handelt sich überwiegend um Kulturwälder, Baumplantagen, Sukzessionswälder und nur zu einem geringen Teil um Primärwälder. Die Russische Föderation hat mit fast 810 Millionen Hektar die ausgedehntesten Waldvorkommen. Das entspricht über 80 Prozent der Waldfläche von ganz Europa.

Die Länder Nordeuropas verfügen über einige große boreale Wälder in Sumpfgebieten. Die Wälder von Närängänvaara, Virmajoki und Romevaara in Finnland, in denen viele über 400 Jahre alte Bäume stehen, bilden mit 11211 Hektar Fläche eine der größten Primärwaldflächen des Landes. Nicht viel kleiner ist der naturbelassene Wald im finnischen Naturschutzgebiet Elimyssalo mit 8286 Hektar. In Schweden umfasst der Naturpark von Sjaunja 44000 Hektar Primärwald; es wachsen dort hauptsächlich Fichten und Kiefern. Der größte Wald Norwegens gehört zum Øvre-Pasvik-Nationalpark, der mit seiner Fläche von 20000 Hektar an der Grenze zu Finnland und Russland liegt. In der gemäßigten Klimazone Mitteleuropas sind es die **HEMIBOREALEN** und östlichen Wälder, die am wenigsten zergliedert sind und mitunter einige tausend Hektar umfassen.

HEMIBOREAL
Siehe Seite 136.

In Lettland gibt es riesige Au- oder Torfwälder sowie einige wunderschöne moosreiche Wälder auf den Inseln. In Weißrussland beherbergen die Naturparks von Berezinsky und Belovezhskaya Pushcha, der an den Białowieża-Nationalpark angrenzt, zahlreiche Moorwälder. Vom Urwald von Białowieża mit 62 500 Hektar Gesamtfläche auf polnischer Seite stehen 4000 Hektar unter Naturschutz. In Rumänien befindet sich bei Slatioara Europas ältester Mischwald aus Buchen und Tannen (397 Hektar) und bei Nera in den Karpaten der mit knapp 5000 Hektar größte Buchen-Urwald Europas. Andere reizvolle Wälder der gemäßigten Klimazonen sind in der Slowakei, in Slowenien, Montenegro und Mazedonien erhalten geblieben.

In West- und Südeuropa sind gut erhaltene naturbelassene Wälder sehr viel seltener. Sie existieren ausschließlich in einigen entlegenen Bergregionen. Andere blieben durch ihre Nähe zu Klöstern vor der Abholzung verschont. Dazu gehört der Wald im Sainte-Baume-Massiv in Südfrankreich.

Die Primärwälder, Naturwälder par excellence, sind folglich selten und weit verstreut. Doch es gibt noch andere Arten von Naturwäldern, die nach dem Rückzug der Landwirtschaft entstanden. Solche sogenannten Sukzessionswälder entstehen in einigen Ländern Europas seit ungefähr 150 Jahren auf landwirtschaftlichen Flächen mit nur geringen Erträgen. Dieses Phänomen ist eine Folge der weltweiten sozioökonomischen Entwicklung, die der extensiven Landwirtschaft auf kleinen Gebieten schadete und die Bauern zum Aufgeben zwang oder dazu, sich auf die fruchtbarsten Böden zu konzentrieren. Studien lassen darauf schließen, dass sich der Rückzug der Landwirtschaft von bestimmten Gebieten in den kommenden Jahrzehnten weiter fortsetzen wird, und zwar in einer Größenordnung zwischen 126 000 und 168 000 Quadratkilometern bis 2030. Als Erstes werden die Gebiete mit den geringsten Erträgen und in den unzugänglichsten Lagen betroffen sein. Die Wiederansiedlung der Wälder kann bereits in den Bergen und in den nördlichen Klimazonen beobachtet werden, von Finnland und Schweden bis in die Pyrenäen. Auch im französischen Zentralmassiv, in vielen Alpenregionen, in einigen Bergregionen Deutschlands, an der Grenze zwischen Deutschland und der Tschechischen Republik, im Apennin in Italien und besonders in den Karpaten erobert sich der Wald Territorium zurück.

JÜNGSTE BEDROHUNGEN FÜR DIE WÄLDER

Luftverschmutzung durch die Industrie hat den Wäldern in jüngster Zeit schwer zugesetzt. Saurer Regen hat die Waldböden stark verändert und die Bäume, besonders die Koniferen, angegriffen. Dagegen stimuliert das Ansteigen der Kohlendioxidkonzentration, das bereits seit einem Jahrhundert zu beobachten ist, das Wachstum der Pflanzen, wenn ausreichend Wasser und Nährstoffe im Boden vorhanden sind. Die zunehmende Produktivität verändert wiederum die Biologie der pflanzenfressenden Insekten; sie wachsen schneller und fressen größere Mengen Blätter. Der Anstieg des Kohlendioxids hat einen Anstieg von Ozon zur Folge, das bei fotochemischen Reaktionen mit Stickoxiden aus der Industrie freigesetzt wird.
Im Verlauf des 20. Jahrhunderts hat sich der Ozongehalt auf der Nordhalbkugel verdoppelt. Dieses Gas schadet den Pflanzen, da es die **PHOTOSYNTHESE** stört. Als Erstes fällt auf, dass die Blätter helle Flecken bekommen. Die mittelfristige Folge ist eine beschleunigte **SENESZENZ**, wodurch sich die Zeitspanne für die Photosynthese verkürzt.

PHOTOSYNTHESE
Siehe Seite 27.

SENESZENZ
Siehe Seite 48.

Der Klimawandel wird die geographische Verteilung aller Arten von Tieren, Pflanzen und Mikroorganismen beeinflussen. Zum Beispiel breitet sich zurzeit die Europäische Stechpalme (*Ilex aquifolium*) in Frankreich weiter nach Norden aus. Für die Stein- oder Grüneiche (*Quercus ilex*) könnte dies ebenfalls bald zutreffen. Zahlreiche Fachleute sagen voraus, dass ein Temperaturanstieg günstige Bedingungen für pflanzenfressende Insekten schafft und diese verstärkt Bäume befallen werden, vor allem solche, die durch lange Stresszeiten wie die Hitzewellen in den Sommern von 1976 oder 2003 geschwächt sind.

Andere Vorhersagen gehen dahin, dass die Wälder Angriffe exotischer, vom Menschen eingeführter Arten verkraften müssen, die in bestimmten Ökosystemen für verheerende Verwüstungen verantwortlich sind. So haben die Krankheiten der Kulturrebe die wilden Reben in den Wäldern fast gänzlich ausgerottet. Die Ulmen-Graphiose, eine durch einen asiatischen Pilz eingeschleppte Krankheit, hat einen Großteil der Ulmen in Europa und Nordamerika vernichtet. Die Krankheit gelangte über den Holzhandel nach Europa; Insekten übertrugen sie auf die europäischen Wälder. Andere exotische Krankheitserreger greifen heute die Eichen an, besonders der Eichenmehltau (*Ersyphe alphitoides*). Den Eschen setzt die Pilzart *Chalara fraxinea* zu, während der Pilz *Phytophthora alni* für das Erlensterben verantwortlich ist.

Der Handel mit Holz, Getreide, lebenden Pflanzen und Verpackungsholz hat auch **COLEOPTERA** nach Europa gebracht, die ursprünglich exotische Holzarten zersetzten. An die 400 exotische Insektenarten wurden an den Bäumen in Baumschulen, Parks und Gärten erfasst. Sie könnten bald auch auf die Wälder übergreifen. Die spektakuläre Dynamik einiger dieser Exoten wie des Bockkäfers (*Monochamus galloprovincialis*) in Pinienwäldern profitiert zweifellos vom Klimawandel, auch wenn nicht sicher ist, ob sich alle Arten deshalb zur Plage entwickeln werden.

Pflanzungen nicht einheimischer Bäume, etwa aus anderen Teilen Europas, aus Amerika oder Asien, stellen eine weitere Gefahr für die europäischen Wälder dar. Die Arten führen zu einer deutlichen Verfremdung der Milieus und schleppen oft neue Parasiten ein. In vielen Fällen werden sie heimisch wie die Atlas-Zeder, die Schwarzkiefer, die Spätblühende Traubenkirsche, die Douglastanne, Roteiche, Eukalyptus, Gewöhnliche Robinie, auch Scheinakazie genannt. Die Liste ist lang. Für die Einführung solcher standortfremder Pflanzen ist nicht nur die Forstwirtschaft, sondern unter anderem auch der Gartenbau in hohem Maß verantwortlich.

Wir sind heute nicht in der Lage, die Auswirkungen aller dieser Arten auf die Ökologie der europäischen Wälder abzuschätzen. Genauso wenig wissen wir, wie die Zukunft der exotischen Pflanzen selbst aussehen wird: Werden sie verschwinden, mutieren, sich kreuzen? Welche Krankheitserreger könnten sie in naher oder ferner Zukunft befallen?

Die Einwanderung exotischer Arten betrifft nicht nur die Pflanzenwelt. Etliche Tiere aus Zuchtbetrieben haben sich in der Natur vermehrt, so etwa das Grauhörnchen (*Sciurus carolinensis*), der Amerikanische Nerz (*Mustela vison*) und der Marderhund oder Enok (*Nyctereutes procyonoides*). Experten befürchten, dass diese Arten die Verbreitung der einheimischen, ihnen genetisch nahestehenden Arten auf Dauer beeinflussen oder sie gar ersetzen werden. Das könnte bereits auf den Europäischen Nerz (*Mustela lutreola*), der zu den bedrohten Arten zählt, und den Amerikanischen Nerz zutreffen, die beide denselben Lebensraum in Feuchtgebieten bewohnen.

CLEOPTERA
Siehe Seite 55.

↑

Die Schluchten des Krimsbachs (Křinicky potok)

TSCHECHISCHE REPUBLIK/DLOUHY DUL, NATIONALPARK BÖHMISCHE SCHWEIZ (ČESKÉ ŠVÝCARSKO), BÖHMEN

Die Wälder in Schluchten, in die nur selten Menschen kommen und die schwierig zu bewirtschaften sind, stellen optimale Refugien für wilde Tiere und Pflanzen dar. So findet man in den Schluchten des Krimsbachs noch unberührte Mischwälder aus Buchen und Tannen, die reich an totem Holz sind. Sie erinnern an die Architektur der unberührten Wälder in den ersten Jahrtausenden nach der letzten Eiszeit.

José B. Ruiz

Steinadler

Aquila chrysaetos

NORWEGEN/FLATANGER, NAMDALEN

Die Population des Steinadlers wird weltweit auf weniger als 10 000 Brutpaare geschätzt. 15 bis 20 Prozent seines Verbreitungsgebiets liegen in Europa. Das majestätische Tier, das als Symbol der Macht zahlreiche Wappen ziert, bewohnt Gebirge. Brutpaare in alpinen Regionen bauen ihre Nester hauptsächlich in Felswänden. Jene, die in niedrigeren Lagen und in den Wäldern im Nordosten Europas zu Hause sind, errichten ihre Horste dagegen in Bäumen. Ihre Beute sind Hasen und Kaninchen, Waldhühner und kleine Säugetiere. Jagd, Gift und Fallen sowie das Ausnehmen der Nester haben der Art in der Vergangenheit sehr zugesetzt. Zusätzlich wurden durch das Verschwinden großer Waldgebiete die Habitate im Flachland rar. Wirkungsvolle Schutzmaßnahmen und das Verbot, Giftköder auszulegen, haben dazu geführt, dass die Populationen in manchen europäischen Ländern anwachsen konnten.

Staffan Widstrand

Der Wald von Białowieża im Winter

POLEN/BIAŁOWIEZA-NATIONALPARK

Stimmungsvoller Blick auf einen Urwald, der sich in einem stillen See spiegelt.

Stefano Unterthiner

Döbel

Squalius cephalus

SCHWEIZ/LA TOUR-DE-TRÊME, FRANZÖSISCHE SCHWEIZ

Der Döbel lebt vorzugsweise in fließenden Gewässern, kommt aber auch in Waldseen vor, die mit einem System von Wasserläufen verbunden sind. Die Art gehört zu den Allesfressern (Omnivoren). Ihre Vertreter ernähren sich in erster Linie von wirbellosen Tieren, verschmähen aber auch kleinere Fische und ins Wasser gefallene Früchte nicht. Überall dort, wo es noch Döbel gibt, bilden seine Eier, die Brut und erwachsene Tiere eine wichtige Nahrungsquelle für größere Fische wie den Huchen, außerdem für Otter, Nerze, Reiher, Störche und viele andere Räuber.

Michel Roggo

↓

Erosion im Nationalpark Shebenik-Jablanica

ALBANIEN/NATIONALPARK SHEBENIK-JABLANICA

Der grenzüberschreitende Nationalpark erstreckt sich in Albanien über eine Fläche von etwa 33 000 Hektar und reicht bis hinein nach Mazedonien. Seine reiche Fauna umfasst größere Säugetiere wie Gämsen, Wildschweine, Wölfe und Bären sowie den Balkanluchs (*Lynx lynx martinoi*), aber auch seltene Vogelarten wie den Steinadler. Die Wälder Albaniens sind durch illegale Rodungen sowie durch die Nutzung als Weideland gefährdet, was zu gravierenden Abtragungen durch Bodenerosion und zum unwiederbringlichen Verlust der Böden führt.

Anders Geidemark

Japanischer Staudenknöterich

Fallopia japonica

FRANKREICH/AM UFER DES ALLIER, PONT-DU-CHÂTEAU, AUVERGNE

Der Japanische Staudenknöterich (*Fallopia japonica*) wurde im 19. Jahrhundert durch wilde weibliche Pflanzen, die auf der japanischen Insel Honshu ausgegraben wurden, in Europa eingeführt. Man verwendete sie als Zierpflanze, zur Gewinnung von Honig und zur Stabilisierung von Abraumhalden. Die Pflanze wurde extrem schnell heimisch. Ihre Ausbreitung in nicht einmal 90 Jahren war spektakulär und erfolgte ausschließlich vegetativ durch Rhizomteile. Sie bildete zudem Hybriden mit einer anderen japanischen Art, dem Sachalin-Staudenknöterich (*Fallopia sachalinensis*). Die Hybriden breiten sich weiter aus, ohne dass ein Aufhalten möglich wäre. Denn sie sind ausgesprochen konkurrenzstark und schwer auszurotten. Sie verdrängen einheimische Pflanzen und tragen zur Erosion von Uferböschungen an Wasserläufen bei, da ihre Rhizome den Boden schlechter halten als endemische Gräser. Damit verursachen sie enorme Veränderungen im Wasserhaushalt. Viele europäische Länder wenden jedes Jahr Millionenbeträge auf, um die Schäden zu reparieren. Das Beispiel des Japanischen Staudenknöterichs sollte man sich immer vor Augen halten, wenn man exotische Pflanzen in großem Maßstab einführen will. Eine sorgfältige Prüfung des möglichen Invasionsrisikos ist immer nötig.

Florian Möllers

Buntspecht

Dendrocopos major

FINNLAND/NATURSCHUTZGEBIET KOROUOMA, POSIO, LAPPLAND

Der Buntspecht ist der am weitesten verbreitete bunt gefiederte Specht in den Wäldern Europas. Man bemerkt den scheuen Vogel nur, wenn er seine spitzen Rufe ausstößt oder auf der Suche nach Larven mit dem Schnabel morsche Baumstämme bearbeitet. Sein klangvolles, schnelles Hämmern belebt die Wälder im frühen Frühjahr.

Sven Začek

DIE MENSCHEN HABEN ZU ALLEN ZEITEN VERSUCHT, AUF INTENSIVE UND UNSTRUKTURIERTE ABHOLZUNG ZU REAGIEREN, DOCH ERST VOM 16. JAHRHUNDERT AN gab es eindeutige waldbauliche Bestimmungen zur Regulierung des Holzeinschlags.

DAS WALDMANAGEMENT

Damals war die Nachfrage nach Holz enorm gestiegen. Der Bedarf der Industrie, die das Holz für die Eisen- und Glashütten brauchte, musste gedeckt werden. Frankreich erwies sich im 17. Jahrhundert mit der Waldreform Jean-Baptiste Colberts, eines Ministers Ludwigs XIV., als Vorreiter. Die sogenannte Wälderordonnanz von 1669 zur Bewirtschaftung der französischen Wälder wurde zum Vorbild für ganz Europa.

Eine echte Forstwissenschaft entwickelte sich jedoch erst im 18. Jahrhundert. In Europa wurden mehrere Schulen gegründet, um Richtlinien für die Waldwirtschaft zu erarbeiten. Die am weitesten verbreitete Forstordnung, die in hohem Maß auch heute noch Anwendung findet, ist die des „schlagweisen" oder „gleichförmigen Hochwaldes". Sie erlaubt eine besonders intensive Holzproduktion. Dabei wird der Wald in einzelne Parzellen („Schläge") aufgeteilt, deren Bestände in einer Zeitspanne von 50 bis 150 Jahren vollständig geräumt werden (Kahlschlag). Die Regeneration nach dem Hieb erfolgt entweder natürlich oder durch Sämlinge, die nach entsprechender Vorbereitung des Bodens eingesetzt werden. Während des gesamten Wachstumszyklus findet eine Selektion der kräftigsten Pflanzen statt. Diese Bewirtschaftungsform führt jedoch aus verschiedenen Gründen zu einer irreversiblen Veränderung des Ökosystems.
Es entsteht eine monotone Waldarchitektur mit reduzierter Artenvielfalt und einheitlicher Altersstruktur. Die Wälder mit art- und altersidentischen Bäumen in den einzelnen Parzellen laugen den Waldboden stärker aus als strukturreiche Wälder, wo die Bäume die Ressourcen des Bodens in unterschiedlicher Tiefe nutzen. Im gleichförmigen Hochwald gibt es außerdem keine Bäume mit sehr großem Stammdurchmesser und weniger alte und tote Bäume. Bäume, von denen 25 Prozent oder 50 Prozent abgestorben sind, bilden den Großteil der Behausungen für die tierischen Höhlenbewohner (*cavicola*). Großflächige Kahlschläge schaden insofern dem Boden, als dieser dadurch zeitweise schutzlos Sonne, Regen und Erosion ausgesetzt ist. Sicher gab es in Naturwäldern immer auch Windbruch größeren Ausmaßes, doch in solchen Fällen war der Boden durch umgestürzte Bäume geschützt, die Jahrzehnte zur Zersetzung brauchten, sowie durch Kraut- und Buschvegetation, die ihn rasch überzogen.

Solche Nutzungsformen, die wenig mit den natürlichen Abläufen in den Wäldern gemein haben, dafür aber leicht durchzuführen sind, werden in ganz Europa praktiziert, besonders in den borealen und gemäßigten Klimazonen. Sie berücksichtigen weder die Anfälligkeit des Waldes durch die jähe Unterbrechung des Kronenschlusses noch die Vergeudung von Holzressourcen. Bei Kahlschlag werden die Bäume sehr oft vor ihrer vollen Maturität geschlagen. Man weiß speziell von den Eichen, dass sie sich 300 bis 400 Jahre in ausgezeichnetem Zustand halten können, ohne an Wert zu verlieren. Zudem beherbergen sie über mehre Jahrhunderte hinweg eine ausgesprochen reiche Fauna, die mit dem systematischen Hieb von Bäumen, die jünger als 200 Jahre sind, verschwindet. Das gilt nicht nur für die Eiche, sondern auch für zahlreiche andere gefragte Arten. Das Schlagen zu junger Bäume zieht einen Rückgang der Totholz fressenden Insekten (**SAPROXYLOPHAGEN**) sowie eine zu häufige Modifizierung der Bodenfauna nach sich. Doch das Entfernen von Totholz hat oft ideologische Gründe. Der Wald soll „sauber" sein.

Diese Art des Managements reduziert den Wald auf seinen rein wirtschaftlichen Aspekt und berücksichtigt weder die ökologischen und ästhetischen Dimensionen des Waldes noch die Tatsache, dass Ressourcen vergeudet werden.

Andere Waldbausysteme liegen näher an den natürlichen Abläufen des Ökosystems Wald, wie etwa der „ungleichförmige und gemischte Hochwald". Diese Form lässt die unterschiedliche Schichtung des Unterholzes, die natürliche Vermehrung durch Samen sowie die Diversität der Arten zu und bewahrt das Mikroklima des Waldes. Die Bäume werden nicht verfrüht geschlagen, sondern exakt zum Zeitpunkt ihrer Reife und im Einklang mit dem ökologischen Milieu und dessen Erfordernissen. Es findet niemals ein großflächiger Kahlschlag statt, was eine durchgehend gute Bodenqualität garantiert. Das Prinzip des ungleichförmigen Hochwaldes kam nach dem Zweiten Weltkrieg in Mitteleuropa, in der Schweiz und in Deutschland, auf. In Deutschland gingen die Anregungen zu einer neuen Forstkultur von Niedersachsen aus, wo 1991 das LÖWE-Programm („Programm zur langfristigen ökologischen Wald-Entwicklung") von der Landesregierung beschlossen wurde. Es favorisierte einen naturnahen, gemischten, artenreichen und ertragreichen Wald. Unter anderem forderte es, kleine Naturwaldreservate einzurichten, damit bedrohte Arten zurückkehren oder sich halten könnten. Dieser sehr erfolgreiche Ansatz wurde mittlerweile auch von anderen Bundesländern übernommen.

In Frankreich und Deutschland schützt man inzwischen gut erhaltene Wälder und schafft außerdem im Herzen bewirtschafteter Wälder kleine Flächen von ein bis fünf Hektar Größe, sogenannte Alt- und Totholzinseln. Dort werden die Baumbestände entweder gar nicht angetastet oder später als üblich geschlagen. Generell werden die toten Bäume, die sich in allen Teilen bewirtschafteter Wälder finden, zunehmend an Ort und Stelle belassen. Dadurch sollen nicht nur Korridore für solche Arten erhalten werden, die sich langsam ausbreiten, sondern auch die nötigen Lebensräume für die von Totholz abhängige Fauna. Man empfiehlt zudem, einige kräftige Bäume mit Höhlen stehen zu lassen sowie solche mit ausladenden Kronen, da hier Greif- und Rabenvögel ihre Nester bauen können. Die Ergebnisse dieser Betriebsform werden durch das System des gleichförmigen Hochwalds, das in der Mehrzahl aller europäischen Länder in einer teilweise sehr intensiven Art praktiziert wird, stark eingeschränkt.

Die positiven neuen Leitsätze der Forstwirtschaft könnten noch verbessert werden, damit die Bäume robuster gegenüber extremen Ereignissen und den zu erwartenden klimatischen Veränderungen werden. Außerdem ist es dringend geboten, die empfindlichsten Wälder wie die Auwälder noch stärker unter Schutz zu stellen und das Totholz in den nicht eingedämmten Wasserläufen zu belassen, wenn sie für die Schifffahrt keine Bedeutung mehr haben. In den bewirtschafteten Bereichen müsste nach dem Hieb auf das Entfernen der **HOLZIGEN** Teile der Baumkronen verzichtet werden, um die Versorgung der davon abhängigen Organismen nicht zu gefährden.

SAPROXYLOPHAGEN
Siehe Seite 52.

HOLZIGE PFLANZEN
Siehe Seite 159.

Abgesehen von der Form des Waldmanagements leiden manche europäischen Wälder unter einer Überpopulation der großen Pflanzenfresser, die für die Hobbyjagd toleriert wird. Natürlich müssen die wilden Huftiere ihre natürlichen Lebensräume behalten, aber es ist notwendig, ein Gleichgewicht zu schaffen. Dazu genügt es, auf die Wildfütterung im Winter zu verzichten und den Großräubern die Chance zu geben, in ausreichender Zahl zurückzukehren, damit sie ihre Regulierungsfunktion wieder übernehmen können. In der Zwischenzeit sollte man die Zahl der Pflanzenfresser weiter verringern. Ein Problem ist das Abschätzen der Quoten. Es hängt in der Praxis von den jeweiligen Einkünften aus Jagdpachten und Holzverkäufen ab.

„NATÜRLICHE" WÄLDER?

Von den gut erhaltenen Wäldern, in die der Mensch kaum eingegriffen hat, also Primärwäldern oder Wäldern, die seit Jahrhunderten unberührt blieben, muss in den einzelnen Ländern Europas eine exakte Bestandsaufnahme durchgeführt werden. Die verfügbaren Erhebungen zeigen, dass diese Wälder maximal 26 Prozent der gesamten Waldfläche Europas einnehmen und sich im Wesentlichen in der borealen Klimazone und auf dem Gebiet der Russischen Föderation befinden. In anderen Regionen Europas werden weniger als drei Prozent als gut erhalten eingeschätzt. Zudem müssen die Bemühungen, die Flächen zu vergrößern sowie Funktionsfähigkeit und biologische Vielfalt der Ökosysteme zu verbessern, fortgesetzt werden.

EINE GEZIELTE POLITIK

Zu den Initiativen, die nach dem „Erdgipfel" von Rio de Janeiro 1992 („Konferenz der Vereinten Nationen über Umwelt und Entwicklung") in Gang gesetzt wurden, zählt auch die Paneuropäische Strategie für biologische und Landschaftsvielfalt (PES), die Uno und Europarat ins Leben riefen. Sie finanziert unter anderem entsprechende Forschungsprogramme und die Einführung einer „nachhaltigen" Bewirtschaftung, die auch die empfindlichsten Elemente der Waldflora und -fauna berücksichtigt.

Der Schutz des Waldes muss jedoch auch die Bewahrung der bedrohten Tierarten einschließen. Zu den aktuellen Bemühungen um den Erhalt der typischen Säugetierarten zählen strenge Gesetze zu ihrem Schutz, die Bekämpfung von Wilderei und Handel mit ihnen, die Rückführung in ihre natürlichen Lebensräume und der Schutz der Habitate. Sie sind zudem Gegenstand verschiedener Vereinbarungen. So schützen die Vertragszusätze zum „Übereinkommen über den internationalen Handel mit gefährdeten Arten freilebender Tiere und Pflanzen" (CITES) die Raubtiere. Die 1992 von der EU beschlossene „Richtlinie zur Erhaltung der natürlichen Lebensräume sowie der wildlebenden Tiere und Pflanzen", kurz Fauna-Flora-Habitat-Richtlinie (FFH-Richtlinie), nimmt sich besonders der bedrohten Arten an. Diese Richtlinie zielt darauf ab, die biologische Vielfalt durch die Bewahrung und Wiederherstellung der Habitate zu sichern. Sie bildet zusammen mit der Vogelschutzrichtlinie die Grundlage für das europaweite Schutzgebietsnetz Natura 2000, das größte der Welt. Die Erfassung bedrohter Arten durch die Internationale Union für die Bewahrung der Natur und natürlicher Ressourcen (IUCN) hat die Voraussetzungen dafür geschaffen, dass die Aktionen zum Schutz der Arten und ihrer Lebensräume Erfolg hatten. In manchen Ländern ist der WWF an der Erarbeitung von Plänen oder Strategien zum Artenschutz beteiligt. Die Ergebnisse waren trotz großer Widerstände, Fehl- und Rückschläge teilweise spektakulär, etwa für den Schwarzstorch und große Greifvögel wie den Seeadler, für Bär, Wisent, Wolf und viele mehr.

Das Ziel ist jedoch noch längst nicht erreicht. Die neuen Richtlinien zum Schutz der Wälder verbieten den intensiven Holzeinschlag nicht komplett. In den meisten Ländern Europas besteht immer noch die Tendenz zur Übernutzung der Wälder durch massive Kahlschläge. Die Suche nach wenig genutzten Wäldern, um dort die größten Bäume zu entnehmen, setzt sich fort. Dass die soziale Funktion der Wälder und ihre positiven Effekte für die Umwelt nicht stärker berücksichtigt werden, sorgt für

Unmut unter den Förstern. In Rumänien und Polen wird eine Übernutzung der Holzressourcen vorangetrieben, da Länder wie China dringend Holz benötigen und die Wirtschaft entsprechend Druck ausübt. Im Kosovo, in Mazedonien, Albanien und Serbien kommt es immer häufiger zu illegalen Holzeinschlägen und damit zu einer Zerstückelung prachtvoller Waldgebiete.
Der Kaukasus wird seit 1945 fortlaufend gerodet. In den östlichen Ländern sind ebenfalls zahlreiche Wälder aus wirtschaftlichen Gründen in naher Zukunft von einer Übernutzung bedroht. Dazu kommt seit jüngster Zeit eine neue Gefahr: die Nutzung von Holz als Energiequelle. Bei dieser Form der Stromgewinnung wird mit der sogenannten **BIOMASSE** eine Ressource verwendet, die nicht unerschöpflich ist und zudem bereits von verschiedenen Industriezweigen genutzt wird wie etwa der Papierindustrie. Man muss also darauf achten, dass dieses Energiegewinnungskonzept nicht die Kapazitäten der Wälder übersteigt.

Die Großräuber unter den Waldtieren werden immer noch gejagt oder fallen Wilderern zum Opfer – sowohl in den Ländern, in denen sie noch nicht ausgestorben sind, als auch dort, wo versucht wird, sie erneut anzusiedeln.
In den Kaukasusländern, Russland, Finnland, Griechenland und Bulgarien, wo der Bär noch heimisch ist, sind die Jagdlobbyisten immer noch sehr einflussreich und die Wilderei richtet verheerende Schäden an. Die Bedürfnisse des Bären, der im Norden ausgedehnte Nadelwälder braucht und im Südosten Mischwälder aus Buchen und Tannen, sind nicht in allen Ländern, die intensive Waldwirtschaft betreiben oder wo massiv gerodet wird, gesichert.
Generell wird die Rückkehr der Großräuber noch immer nicht als Vorteil für die europäischen Wälder angesehen, trotz des schlechten Jagdmanagements in den Industrieländern, das einen Überhang an großen Pflanzenfressern zur Folge hat. Die Populationen von Hirsch, Reh und Wildschwein, potenziellen Beutetieren von Wolf und Luchs, könnten auf natürliche Art und Weise reguliert werden, so dass wieder ein Gleichgewicht hergestellt wäre.

WAS KANN VERBESSERT WERDEN?

Die Europäische Union hatte sich vorgenommen, den Verlust der Biodiversität bis zum Jahr 2010 zu stoppen. Als man jedoch feststellte, dass dieses Ziel nicht erreichbar war, beschlossen die beteiligten Länder, die Frist bis 2020 zu verlängern.

Ein erster Schritt bestünde darin, dass die Richtlinien für ein zuträgliches forstwirtschaftliches Management auch umgesetzt würden. Exemplarische Maßnahmen zum Schutz der biologischen Vielfalt könnten in den Nationalparks und Naturschutzgebieten durchgeführt werden. Zudem müsste der Wald als Ökosystem und nicht als Holzfabrik angesehen werden, und die Jagd müsste in bestimmten Regionen eingeschränkt oder sogar verboten werden.
Die Jagdquoten sollten dort, wo sie zur Regulierung des Artenbestands dienen, von Förstern, nicht von Jagdlobbyisten festgelegt werden.
Die Zahl der meisten Großwildarten Europas muss stark erhöht werden, um an ihre natürliche Population heranzukommen.
Ein für die Biodiversität nachhaltiges Management müsste auch den Ökotourismus stärker einbinden und dort Arbeitsplätze schaffen, wo typische Arten oder große Urwälder erhalten werden können. Ein weiteres Ziel wäre es, in den Gesellschaften, die seit Jahrhunderten keinen Kontakt mehr zu großen Fleischfressern hatten und die von ihrer Ausbreitung direkt betroffen wären, um mehr Akzeptanz für ihre Rückkehr zu werben. Selbstverständlich werden von den betreffenden Initiativen auch Mittel und Wege genannt, um Schäden, die der Landwirtschaft oder den Viehhaltern drohen, zu vermeiden oder auszugleichen.

Eine ausgezeichnete Möglichkeit, die Rückkehr natürlicher Wälder in Europa voranzutreiben, wäre es, in bestimmten Waldregionen jegliche kommerzielle Aktivitäten zu verbieten.
Das könnte Wälder betreffen, die gut aufgestellt sind, aber von jeher bewirtschaftet wurden,

BIOMASSE
Menge von organischen Stoffen pflanzlichen oder tierischen Ursprungs, die durch Verbrennung als Energiequelle genutzt werden kann. Man betrachtet ihre Bestandteile als erneuerbare Rohstoffe, jedoch dürfen sie nicht über Gebühr ausgebeutet werden.

oder auch Sukzessionswälder, die auf ehemals landwirtschaftlich genutzten Flächen entstanden sind. In diesen Wäldern würden sich sehr bald reichere **NAHRUNGSNETZE** ausbilden. Die Voraussetzung wäre allerdings ein striktes Jagdverbot sowohl für Raubtiere als auch für ihre Beutetiere. Gute Beispiele sind Wälder im französischen Mittelmeerraum, die auf ehemaligen Weiden gewachsen sind und erst einige Jahrzehnte alt sind. Vor allem in den Sukzessionswäldern der Ardèche haben sich bereits wieder Ginsterkatzen, Füchse, Eichhörnchen, Dachse und zahlreiche pflanzenfressende Säugetierarten angesiedelt. Bei der Erfassung der Käfer, die im Totholz dieser jungen Wälder leben, wurden 298 Arten gezählt. Eine so hohe Zahl findet man selten in Europa. Schließlich lassen sich in den Schluchten der Ardèche Habicht- oder Bonelli-Adler (*Hieraaetus fasciatus*), Schmutzgeier (*Neophron pernopterus*), Wanderfalken (*Falco peregrinus*), Uhus (*Bubo bubo*) sowie mehrere Brutpaare des Schlangenadlers (*Circaetus gallicus*) entdecken.

NAHRUNGSNETZ
Siehe Seite 20.

Die großen Hirschbestände und der Mangel an Verstecken begünstigen die Rückkehr des Wolfs. Auch der Luchs und die Wildkatze profitieren von den neu entstandenen Wäldern, deren natürliche Architektur ihnen entgegenkommt. Die Waldvögel haben sich ebenfalls auf die neuen Gegebenheiten eingestellt. Besonders typisch ist die Geschichte des Auerhuhns: Nachdem es zwischen 1850 und 1900 der Ausrottung gerade noch entkommen war, konnte es in den Pyrenäen endgültig gerettet werden, weil dort große landwirtschaftliche Flächen nicht mehr genutzt wurden. Die Industrialisierung und der Zweite Weltkrieg hatte die Bergregionen buchstäblich entvölkert. Tausende von Kleinbauern waren nicht mehr da, die den Boden übernutzt hatten. In der Folgezeit wurden die brachliegenden Flächen vom Wald zurückerobert und entwickelten sich in den westlichen und zentralen Pyrenäen vielfach zu kleinen Paradiesen für den prachtvollen Vogel.

Die Initiative „Rewilding Europe" schlägt noch eine weitere Verwendungsmöglichkeit für die von der Landwirtschaft aufgegebenen Flächen vor. Der Begriff *rewilding* („Rückverwilderung") meint in diesem Fall, dass man die natürlichen Prozesse wieder zulässt, vorzugsweise auf mehreren großen Flächen, die durch Korridore oder Pufferzonen miteinander verbunden sind. Die ursprünglichen wilden Arten oder ihre heutigen Nachfahren wie zum Beispiel das Konik-Pferd oder das Heckrind würden zum Teil wieder angesiedelt oder kämen von selbst zurück. Jegliches Eingreifen durch den Menschen würde auf ein Minimum reduziert. Die Natur würde sich womöglich verändern, es würden Wälder entstehen, offene Graslandschaften oder Mischflächen. Auf jeden Fall entstünde in diesen Gebieten eine neue, reiche biologische Vielfalt mit einer hohen Dichte an wildlebenden Arten. Im Idealfall gäbe es keine Jagd, keinen Holzeinschlag, keine Landwirtschaft und keine nennenswerten Bauvorhaben. Heutzutage findet man in ganz Europa praktisch keinen einzigen Ort, der eine nicht vom Menschen gestaltete, vollkommene Vielfalt an wildlebenden Tieren und Pflanzen beherbergt. Die Initiatoren von „Rewilding Europe" haben es sich zum Ziel gesetzt, bis 2020 ein Dutzend solcher Zonen mit einer Fläche von jeweils mindestens 100 000 Hektar zu schaffen.

Ein weiterer interessanter Weg, der in dieselbe Richtung führt, ist der verstärkte Erhalt wilder Natur in Gebieten, in die der Mensch massiv eingegriffen hat. Man weiß zum Beispiel, dass die alten Bäume in kleinen Wäldchen oder in Baumhecken auf dem Land oder an Stadträndern relativ schnell wieder von Insekten, die in Europa nur noch selten vorkommen, besiedelt werden. Dazu gehören der Alpenbock (*Rosalia alpina*), der Hirschkäfer (*Lucanus cervus*), der Großen Eichenbock (*Cerambyx cerdo*) und der Juchtenkäfer, auch Eremit genannt (*Osmoderma eremita*). Hecken sind generell Refugien für Tiere, denen sie Behausung und Nahrung bieten. Insbesondere dienen sie den wirbellosen Tieren des Waldes als Unterschlupf. Als Bindeglieder zwischen den Wäldern und ökologische Korridore sind Hecken umso wichtiger, je näher sie den großen Waldgebieten sind, zumindest für einige Arten mit geringer Kolonisationsfähigkeit. Der Schutz jener Insekten wird noch nachhaltiger gesichert, wenn die Hecken aus einheimischer Flora bestehen. Generell hängt der Artenreichtum von der Größe und Komplexität ihrer Schichtung aus Strauchwerk, kleinen, großen und toten Bäumen ab. Alle diese Elemente vervielfachen die Habitate der Tiere, der Raubtiere ebenso wie ihrer Beutetiere.

Die Renaturierung einzelner Flussabschnitte sollte auf möglichst breiter Ebene und an noch viel mehr europäischen Wasserläufen stattfinden. Die Beseitigung von Dämmen und Straßen, die Renaturierung der Uferböschungen durch natürliche Bewaldung sowie der Verbleib von Totholz im Wasser würde Gebirgsflüssen, Schluchten oder nicht schiffbaren Auen ein ganz anderes Gesicht geben.

Auch mit bescheideneren Maßnahmen kann die wilde Natur bis in die Städte hinein erhalten werden. Tatsache ist, dass sich die biologische Vielfalt der Fauna im städtischen Milieu seit 150 Jahren erhöht, weil sich die Arten mit der Ausdehnung der Städte arrangiert haben und die neuartigen Lebensräume nutzen. Einige Tiere haben sich ausgesprochen gut angepasst.
In Spanien wurden in den Straßen von Madrid in jüngster Zeit 24 Vogelarten gezählt, in Marseille 12 Säugetierarten (unter anderem Eichhörnchen, Fuchs und Fledermaus) und in Berlin über 50 Säugetierarten. Dort hat man außerdem 125 Brutvogelarten gezählt und mehr Nachtigallen als in ganz Bayern. Anderen Vogelpopulationen wie Amseln (*Turdus merula*) oder Elstern (*Pica pica*) begegnet man ebenfalls regelmäßig. Außerdem sollte man über die Bekämpfung der sogenannten Schädlinge intensiver diskutieren. Werden sie bekämpft, weil sie den Stadtbewohnern tatsächlich Schaden zufügen, oder nur, weil sie ihnen lästig sind? Ist ihre große Zahl eine Folge von allzu günstigen Bedingungen wie dem Fehlen von potentiellen Feinden und der fehlenden regelmäßigen Bejagung? Solche Überlegungen müssten auch auf die Pflanzenwelt übertragen werden. Man könnte etwa den Verzicht auf die systematische Vernichtung der natürlichen Vegetation in Betracht ziehen, die versucht, spontan die Straßen, die Ufer von Flüssen oder Kanälen oder die Friedhöfe zurückzuerobern. Solche Überlegungen werden seit einiger Zeit in Großstädten wie Dresden, Amsterdam, Freiburg oder Straßburg in die Tat umgesetzt. Man könnte noch einen Schritt weiter gehen und der Spontanvegetation in öffentlichen und privaten Gärten mehr Raum geben, den alten Baumbestand in Parks schützen wie etwa in Stockholm oder die dichten Hecken und Brachen. Vielleicht wäre es möglich, die städtischen Rasenflächen durch große, gemähte Wiesen zu ersetzen und in den Straßen Bäume und einheimische Sträucher zu pflanzen anstelle von Gartenpflanzen? Mitten in den Städten könnten Naturreservate statt öffentlicher Parks eingerichtet werden, wie es zum Beispiel in Berlin geschieht. Diese Naturkorridore würden, abgestimmt auf die jeweiligen Gegebenheiten eines Landes, zu echten Werkzeugen zum Schutz der Natur in einer Welt, die immer künstlicher wird. Sie würden sich überall dort, wo es möglich ist, einfügen.

In etlichen Städten Europas ist die städtische und vorstädtische Biodiversität bereits höher als in den angrenzenden Agrarlandschaften und übernutzten Wäldern. Auch ist die Populationsdichte etlicher Arten, vor allem der Vögel, in den Städten höher als in den Lebensräumen, die wir als „natürlich" ansehen.

«IN EINER DUNKLEN WINTERNACHT, WAHRSCHEINLICH WAR KEIN MOND ZU SEHEN, HABT IHR IHN GEHÖRT! WAR ER ES WIRKLICH? IHR BEUGT EUCH ÜBER DAS FENSTERBRETT, ÖFFNET die Läden und vernehmt von Neuem seinen entfernten Ruf. Eine heimliche Aufforderung oder wilde Klage, anhaltend und kraftvoll. (...) Eine Aufforderung, die aus der Vergangenheit kommt, eine ewige Klage ... Ihr habt die Zeit vergessen, die auf immer verloren ist (...). Er hat nichts vergessen! Die panische Angst vor euch, die Treibjagden, das heiße Blei der Kugeln, das Eisen der Fallen, die seine Knochen gebrochen und sein Fleisch zerrissen haben. Die Fangnetze, das Gift und die langen Todesqualen (...). Die Wolfsgrube, diese infernalische Falle, die zuerst das Fell des Tieres und dann die wilde Seele selbst durchbohrt. (...) Die unerbittlichen Jäger sind immer noch da, (...) lauern dem Caniden auf, zu allem bereit, nur um sich nicht auf ihn einlassen zu müssen. Seine Feinde sind noch so zahlreich wie vor 1000 Jahren, bereit, den Wolf zu verleumden. Dennoch kommt er, überzeugt von seinen Rechten, seinen natürlichen Rechten, die er den Rechten des Menschen wird entgegenhalten müssen. Machen wir uns bereit, ihn zu empfangen als den natürlichen Regulator, der er ist. Ein unverzichtbarer Regulator, wenn wir es verstehen, uns auf seine Rückkehr einzustellen. Es ist Zeit zu handeln, ihm ein Territorium anzubieten (...) Das Wild hat überhand genommen heutzutage, wird zuweilen sogar schon als Schädling eingestuft. Rehe, Hirsche, Wildschweine, Gämsen und andere Tiere warten nur auf einen natürlichen Räuber, der ein Gleichgewicht herstellt und der zügellosen Verbreitung, die der Mensch möglich gemacht hat, Einhalt gebietet.»

Jean-Luc Valérie
„Le retour du loup en Lorraine", 2010
(„Die Rückkehr des Wolfes in Lothringen)"

Die Menschen haben ihre natürliche Umgebung immer entsprechend ihrer Kultur und ihren Wertesystemen beurteilt. Der Wald, Lebensquelle seit dem **HOLOZÄN**, bildet keine Ausnahme. Betrachtet man ausschließlich die ökologischen Dienste, die der Wald uns leistet, erscheint sein früher reibungsloses Funktionieren heute gestört, seine Vielfalt reduziert. Neue Technologien und die Habgier der westlichen Gesellschaften scheinen eine immer größere Bedrohung für ihn darzustellen.

HOLOZÄN
Siehe Seite 169.

Die Ausbeutung des Waldes hatte auch heilsame Reaktionen zur Folge, die den Prozess teilweise gebremst haben. Dennoch basiert die Vision der Europäer weiterhin auf den alten anthropozentrischen Vorstellungen, die auch in die edelmütigsten Argumente einfließen. Man rettet eine Art um der „Biodiversität" willen und weil sie zum „Erbe der Menschheit" gehört. Doch Tiere und Pflanzen sind nicht das Eigentum des Menschen. Sie existieren nicht einzig für seine Zwecke, für die Jagd, das Schönheitsempfinden, die Wissenschaft, die Kunst, das Vergnügen und die Religion.

Den Bewohnern des Waldes gebührt vielmehr um ihrer selbst willen Respekt. Den Wald und seine Arten zu schützen, von den bescheidensten bis hin zu den spektakulärsten, ohne Gegenleistungen einzufordern, könnte als Geschenk an riesige Landstriche angesehen werden, die man allein wegen ihrer ökologischen Gegebenheiten akzeptiert.

Fichten-Intensivkultur
Picea abies
SCHWEDEN/UPPLAND

In der Forstwirtschaft sind weltweit zwei große Strömungen erkennbar: Die eine sorgt sich um den Erhalt der waldlichen Biodiversität und praktiziert eine Forstwirtschaft, die die Gesetze der Natur respektiert.
Die andere plündert die Ökosysteme durch großflächige Kahlschläge, durch Baumplantagen und den Einsatz von Chemie zur Bekämpfung von Parasiten und zur Produktionssteigerung. Diese intensiven Praktiken sowie die Boden- und Wasserverschmutzung sind nur auf sehr kurze Sicht profitabel, werden jedoch in fast allen Wäldern der Welt, in allen Breiten angewandt.

Staffan Widstrand

Naturbelassener Wald mit Schwarzerlen
Alnus glutinosa
LETTLAND/KEMERI-NATIONALPARK, RIGAISCHER MEERBUSEN

Dieser küstennahe Wald im Norden Europas weist die ganze Komplexität eines naturbelassenen Waldes auf, auch wenn er sich nur aus einer Baumart, der Schwarzerle, zusammensetzt: Die Bäume sind unterschiedlich hoch und unterschiedlich alt und es gibt natürliche Schneisen, Zonen der Rekolonisation nach Windbruch. Die Auwälder sind in ganz Europa durch die Regulierung der Flüsse und Holzeinschlag gefährdet.
Die schönsten befinden sich in geschützten Regionen in Nord- und Osteuropa.

Diego López

Reh
Capreolus capreolus
POLEN/BIESZCZADY-NATIONALPARK (KARPATEN)

Das Reh gehört zu den Säugetieren, die man in europäischen Laubwäldern am häufigsten antrifft. Es ernährt sich von den Trieben und Blättern der Bäume, von Wurzeln, Efeu und Haselsträuchern, verschmäht aber auch Früchte und Kulturpflanzen nicht. Es geht bei der Nahrungssuche mit Bedacht vor und wählt nur die nährstoffreichsten Teile aus.
In vielen europäischen Ländern haben sich die Rehpopulationen in 30 Jahren verhundertfacht, wenn nicht vertausendfacht.

Grzegorz Leśniewski

Schwarzkiefern im Wald
Pinus nigra subsp. *nigra*
MONTENEGRO/NATURRESERVAT CRNA PODA, TARA-SCHLUCHT, DURMITOR-NATIONALPARK

Im 390 Quadratkilometer großen Durmitor-Nationalpark, der 1980 von der Unesco zum Weltkulturerbe erklärt wurde, befindet sich die beeindruckende Tara-Schlucht. Sie ist nach dem Grand Canyon in Colorado die tiefste Schlucht der Welt. Hier steht der bedeutendste Urwald aus Schwarzkiefern, von denen einige 400 Jahre alt und 50 Meter hoch sind. Diese Kiefern wachsen im Naturreservat Crna Poda, einer der sieben besonders geschützten Zonen innerhalb des Parks.

Milán Radisics

Braunbär
Ursus arctos
FINNLAND/SUOMUSSALMI, KAINUU

Die symbolträchtige Geschichte der Verbindung des Bären mit den Völkern Europas begann bereits in der Altsteinzeit. Seine Kraft und sein Mut sowie seine Fähigkeit, mit Hunger und extremen Witterungsbedingungen umzugehen, übte seit jeher eine große Faszination auf die Menschen aus. In der Antike sahen die meisten Völker Nord- und Nordwesteuropas im Bären den König der wilden Tiere.
Die religiöse Verehrung von Bären war besonders in Wildbeutergesellschaften verbreitet. Die Faszination besteht bis in unsere Zeit, was sich in der Arbeit von Tierschutzbewegungen, in Naturreportagen, Fantasyfilmen, in Kinderbüchern und Spielzeug niederschlägt. Der Braunbär, größter Fleischfresser und ehemaliger König der europäischen Wälder, ist zweifellos eine Ausnahmeerscheinung unter den Tieren.

Staffan Widstrand

Wald aus Nordmanntannen
Abies nordmanniana
RUSSLAND/IM GEBIET UM DOMBAI, KAUKASUS

Die Haltung des Mannes, der am Fuß einer großen Tanne sitzt, lässt seinen Respekt und seine Bewunderung für den unberührten Wald im Kaukasus erahnen. Ob wir wohl jemals wirklich begreifen werden, was uns durch die einschneidenden Veränderungen an den Urwäldern Europas verloren ging?

Tom Schandy

Eichelhäher beim Bad
Garrulus glandarius
UNGARN

Der Eichelhäher ist ein prächtiger Waldvogel, leicht zu erkennen an seinen typischen blauen Schultern, dem schwarzen Schnabel und dem weißen Bürzel. Auf dem Boden sind seine zum Kamm aufgestellten Scheitelfedern charakteristisch. Eichelhäher sind gewöhnlich Einzelgänger.
Im Herbst suchen sie gewissenhaft die Eichen ab, um sich einen Wintervorrat an Eicheln anzulegen. Für das spontane Entstehen von Eichenwäldchen auf Flächen, die von der Landwirtschaft aufgegeben wurden, spielen sie eine ungemein wichtige Rolle.
Sie stecken die Früchte auf offenen Flächen so tief in die Erde, dass die Samen im Schutz von konkurrierenden krautigen Sommerpflanzen leicht keimen können. Ein einzelner Vogel sammelt bis zu 5000 Eicheln (das entspricht 15 Kilogramm) in drei Wochen. Da er nur einen sehr kleinen Teil davon verbraucht, kann aus dem Rest eine neue Generation von Bäumen erwachsen.

Markus Varesvuo

KARTE DER EUROPÄISCHEN WÄLDER

Liste der in diesem Band fotografierten Orte:

ALBANIEN
1 Nationalpark Shebenik-Jablanica

BELGIEN
2 Hallerbos, Flämisch-Brabant

BOSNIEN-HERZEGOWINA
3 Naturpark Hutovo Blato

BULGARIEN
4 Nikopol, Naturpark Persina

DÄNEMARK
5 Klampenborg, Dyrehavsbakken

DEUTSCHLAND
6 Grunewald, Berlin
7 Bohmte, Niedersachsen
8 Naturschutzgebiet Großer und Kleiner Rohrpfuhl, Berlin
9 Biosphärenreservat Flusslandschaft Elbe, Niedersachsen

FINNLAND
10 Yli-Vuokki-Waldschutzgebiet, Kainuu
11 Oulanka-Nationalpark, Kuusamo, Nordösterbotten
12 Riisitunturi-Nationalpark, Lappland
13 Kuhmo, Kainuu
14 Korouma, Posio, Lappland
15 Suomussalmi, Kainuu
16 Kangasala, Pirkanmaa

FRANKREICH
17 Pont-du-Château, Auvergne

GEORGIEN
18 Lagodechi-Nationalpark, Kutaissi, Kaukasus
19 Borjomi-Charagauli-Nationalpark, Kleiner Kaukasus

GRIECHENLAND
20 Alonissos
21 Region Patras, Peloponnes

ISLAND
22 Thingeyjarsyslur

ITALIEN
23 Nationalpark Pollino, Basilikata
24 Maremma-Nationalpark, Toskana
25 Aggius, Sardinien
26 Foresta Umbra, Nationalpark Gargano, Apulien
27 Grand-Paradiso-Nationalpark, Aostatal

KROATIEN
28 Nationalpark Plitvicer Seen

LETTLAND
29 Kemeri-Nationalpark, Rigaischer Meerbusen

LITAUEN
30 Reservat Moricsala, Usma-See
31 Nemunas-Delta-Regionalpark

MAZEDONIEN
32 Großer Prespasee, Grenzüberschreitender Park Prespa

MOLDAWIEN
33 Waldreservat Codrii

MONTENEGRO
34 Durmitor-Nationalpark
35 Region Dodjosi, Nationalpark Skutarisee

NORWEGEN
36 Forollhogna-Nationalpark
37 Flatanger, Namdalen

POLEN
38 Bieszczady-Nationalpark (Karpaten)
39 Białowieża-Nationalpark

PORTUGAL
40 Madeira

RUMÄNIEN
41 Piatra-Craiului-Nationalpark, Südkarpaten, Siebenbürgen
42 Region Sirnea, Südkarpaten

RUSSLAND
43 Biosphärenreservat Teberdinsky, Arkhyz, und Region Dombai, Karatschai-Tscherkessien

SCHWEDEN
44 Dala, Götene, Västra Götaland
45 Bohuslän
46 Bergslagen
47 Surahammar, Västmanland
48 Uppland
49 Nationalpark Sarek, Rapadalen

SCHWEIZ
50 La Tour-de-Trême, Französische Schweiz

SERBIEN
51 Spezialreservat Gornje Podunavlje (Obere Donau)
52 Nationalpark Djerdap

SLOWAKEI
53 Morskie-Öko-Naturschutzgebiet, Vihorlatgebirge
54 Tichá, Westtatra
55 Nationalpark Poloniny, Westkarpaten

SLOWENIEN
56 Triglav-Nationalpark

SPANIEN
57 Ebro
58 Garajonay-Nationalpark, La Gomera, Kanarische Inseln
59 Nationalpark Sierra d'Andújar, Sierra Morena, Andalusien
60 Teide-Nationalpark, Teneriffa, Kanarische Inseln
61 Tilos-Nationalpark, La Palma, Kanarische Inseln

TSCHECHISCHE REPUBLIK
62 Nationalpark Böhmische Schweiz (Ceské Svycarsko), Böhmen

UNGARN
63 Region Balatonfűzfő, Plattensee
64 Naturschutzgebiet Ópusztaszer, Csongrád

ZYPERN
65 Halbinsel Akamas

KARTE: CYRILLE SUSS

DEUTSCHSPRACHIGE TITEL

ARENS, DETLEV: „Der deutsche Wald", Fackelträger Verlag, 2010.

BAUER, WOLFGANG (Hrsg.): „Heilige Haine – Heilige Wälder: Ein kulturgeschichtlicher Reiseführer, Neue Erde GmbH, 2005.

BAUR, BRUNO: „Biodiversität", utb, 2010.

BEAMAN, MARK; MADGE, STEVE: „Handbuch der Vogelbestimmung. Europa und Westpaläarktis", Eugen Ulmer, 2007.

BODE, WILHELM; HOHNHORST, MARTIN VON: „Waldwende. Vom Försterwald zum Naturwald", C. H. Beck Verlag, 3. Aufl., 2000.

ELIADE, MIRCEA: „Das Heilige und das Profane. Vom Wesen des Religiösen", Insel Verlag, 3. Aufl., 1998.

ERLBECK, REINHOLD; HASEDER, ILSE; STINGLWAGNER, GERHARD: „Das Kosmos Wald- und Forstlexikon", Kosmos Verlag, 4. Aufl., 2009.

HAGENEDER, FRED: „Die Weisheit der Bäume: Mythos. Geschichte. Heilkraft", Kosmos Verlag, 2. Aufl., 2009.

HANDSTANGER, RUDOLF; SCHANTL, JOHANNES; SCHWARZ, RUDOLF; KRONDORFER, MARTIN: „Zeitgemäße Waldwirtschaft", Stocker Verlag, 6. Aufl., 2006.

HARRISON, ROBERT: „Wälder: Ursprung und Spiegel der Kultur", Carl Hanser, 1992.

HATZFELDT, HERMANN GRAF: „Ökologische Waldwirtschaft", Stiftung Ökologie & Landbau, 2. Aufl., 1996.

HOFRICHTER, ROBERT; HERZER-SCHMIDT, KATHRIN: „Auwälder. Wilde Flusslandschaften in Europa", Tecklenborg Verlag, 2000.

KORPEL, STEFAN: „Die Urwälder der Westkarpaten", Gustav Fischer Verlag, 1995.

KÜSTER, HANSJÖRG: „Geschichte des Waldes. Von der Urzeit bis zur Gegenwart", C. H. Beck, 2. Aufl., 2008.

LAUDERT, DORIS: „Mythos Baum: Geschichte · Brauchtum · 40 Baumporträts von Ahorn bis Zitrone", Blv Buchverlag, 7. Aufl., 2009.

MATTHÄUS, GUNTHER: „Im Portrait – die Arten der EU-Vogelschutzrichtlinie", Staatliche Naturschutzverwaltung Baden-Württemberg, 2006.

MAYER, HANNES: „Europäische Wälder. Ein Überblick und Führer durch die gefährdeten Naturwälder", utb, 1986.

PASTOUREAU, MICHEL: „Der Bär. Geschichte eines gestürzten Königs", Wunderkammer Verlag, 2008.

PEARCE, FRED: „Wenn die Flüsse versiegen", Kunstmann, 2007.

ROSING, NORBERT: „Wildes Deutschland", National Geographic, 7. Aufl., 2010.

SCHAEFER, MATTHIAS: „Die Bodenfauna von Wäldern: Biodiversität in einem ökologischen System", Franz Steiner Verlag, 1996.

SPÄTH, VOLKER: „Bruch-, Sumpf- und Auwälder", Landesanstalt für Umweltschutz Baden-Württemberg, 2001.

VENZKE, JÖRG-FRIEDHELM: „Die Borealis: Die Zukunft der nördlichen Wälder", Wissenschaftliche Buchgesellschaft, 2008.

„WALD, EIN DACH FÜR NACHHALTIGE VIELFALT", in „Waldforschung aktuell", Band 76, Bayerische Landesanstalt für Wald und Forstwirtschaft, 2010.

WOHLLEBEN, PETER: „Holzrausch: Der Bioenergieboom und seine Folgen", adatia Verlag, 2008.

WOHLLEBEN, PETER: „Wald ohne Hüter: Im Würgegriff von Jagdinteressen und Forstwirtschaft. Ein Förster erzählt", adatia Verlag, 4. Aufl., 2007.

FRANZÖSISCH- UND ENGLISCHSPRACHIGE TITEL

ARPIN, PIERRE: „Les invertébrés dans l'écosystème forestier. Expression, foncion, gestion de la diversité", Les Dossiers forestiers, n° 9, Paris, Office national des forêts, 2001.

BERGLUND, BJÖRN E.; PERSSON, THOMAS; BJÖRKMAN, LEIF: „Late Quaternary landscape and vegetation diversity in a North European perspective", International Union for Quaternary Research (INQUA), 2007, S. 184, 187–194.

BOISSON, BERNARD: „La Forêt primordiale", Éditions Apogée, 2008.

BONIFAY, EUGÈNE: „Les Premiers Peuplements de l'Europe", Paris, Collection „Histoire de la France préhistorique: des origines à – 500 000 ans", Paris, La maison des Roches, 2002.

BRASEY, EDOUARD: „Démons et merveilles", Paris, Éditions du Chêne, 2002.

CALLOT, GABRIEL; BYÉ, PASCAL: „La truffe, la terre, la vie", Paris, Éditions INRA, 1999.

CARBIENER, DIDIER: „Les Arbres qui cachent la forêt. La gestion forestière à l'épreuve de l'écologie", Aix-en-Provence, Édisud, 1995.

DAJOZ, ROGER: „Les Insectes et la forêt, Rôle et diversité des insectes dans le milieu forestier", Paris, London, New York, Tec & Doc-Lavoisier, 1998, 2007.

DESPREZ-LOUSTEAU, MARIE-LAURE, U. A.: „Species diversity and drivers of spread of alien fungi (sensu lato) in Europe with a particular focus on France", in „Biological Invasions", No. 12, S. 157–172, Heidelberg, Springer, 2010.

DOLATA, PAWEL; POSSE, BERTRAND: „Migration et baguage en couleur de cigognes noires Ciconia nigra", Nos oiseaux, n° 484, Band 53/2, Suisse romande, 2006, S. 85–93.

DUCHIRON, MARIE-STELLA; SCHNITZLER, ANNIK: „ La forêt face aux changements climatiques: de la gestion productivistes à une sylviculture de l'écosystème", Le Courrier de l'environnement, n° 57, Paris, INRA, 2009, S. 36–52.

FOLCH, RAMON; CAMARASA, JOSEP MARIÁ: „Encyclopedia of the Biosphere. Humans in the World's Ecosystems", Band 5 „Mediterranean Woodlands", Band 6 „Temperate Rainforests", Band 7 „Deciduous Forests", Band 8 „Prairies and Boreal Forests", UNESCO-MAB, Farmington Hills (USA), Gale Group Publisher, 2000.

GÉNOT, JEAN-CLAUDE: „Instinct Nature", Paris, Sang de la Terre, 2010.

GOBAT, JEAN-MICHEL; ARAGNO, MICHEL; MATTHEY, WILLY: „The living soil: Fundamentals of soil science and soil biology", Science Publishers U.S., 2004.

GOSSELIN, MARION; PAILLET, YOAN: „Mieux intégrer la biodiversité dans la gestion forestirère", Versailles, Éditions Quae, 2010.

GSTALTER, ALAIN; LAZIER, PIERRE: „Le Bison d'Europe. Mythe et renaissance d'une espèce sauvage", Le Vigan, Bez et Esparon, collection „Traces", 1996.

HALLÉ, FRANCIS, U. A.: „Aux origines de plantes", Band 2: „Des plantes et des hommes", Paris, Fayard, 2008.

HEATH, MELANIE F. (Hrsg.): „Important Bird Areas. Priority Sites for Conservation", Band 1: „Northern Europe", Band 2: „Southern Europe", Collection „BirdLife Conservation Series", No. 8, Cambridge, BirdLife International, 2001.

HOBBS, RICHARD J., U A.: „Novel ecosystems theoretical and management aspects of the new ecological world order", in „Global Ecology and Biogeography", No. 15, S. 1–7, Hoboken, Wiley-Backwell, 2006.

HÖCHTL, FRANZ; LEHRINGER, SABINE; KONOLD, WERNER: „Wilderness: what it means when it becomes a reality. A case study from the southwestern Alps", in „Landscape and urban planning", No. 70, Amsterdam, Elsevier Science, 2005, S. 85–95.

KLIMO, EMIL; HAGER, HERBERT (Hrsg.): „The Floodplain forests of the temperate zone of Europe", Leiden, Boston, Köln, Brill, European Forest Institute, 2000.

KOWARIK, INGO: „Urban Ornamentals escaped from Cultivation" in Gressel, Jonathan (Hrsg.), „Crop Ferality and Volunteerism", Taylor & Francis Group, 2005.

LAFRANCHIS, TRISTAN: „Le Taureau", Puiseaux, Pardés, Collection „Bibliothèque des symboles", 1993.

LEWINGTON, ANNA; PARKER, EDWARD: „Ancient Trees: Trees that live for a Thousand Years", Collins & Browns, 1999.

MARRIS, EMMA: „Ragamuffin Earth", in „Nature", No. 460, S. 450–451, Nature Publishing Group, 2009.

MERCIER, JEAN-PAUL: „L'Europe des ours", Saint-Claude-de-Diray, Éditions Hesse, 2010.

OLDEMAN, ROELOF A. A.: „Forests: elements of silvology",Berlin, New York, Springer Verlag, 1990.

PAPAZOGLOU, CLAIRIE; KREISER, KONSTANTIN; WALICZKY, ZOLTÁN; BURFIELD, IAN (Hrsg.): „Birds in the European Union 2010: a status assessment", Cambridge, BirdLife International, 2010.

PATOU-MATHIS, MARYLÈNE: „Neanderthal. Une autre humanité", Paris, Académique Perrin, Collection Tempus, 2008.

PETERKEN, GEORGE F.: „Natural woodland: Ecology and Conservation in Northern Temperate Regions", Cambridge University Press, 1996.

PLANHOL, XAVIER DE: „Le paysage animal: L'homme et la grande faune: Une zoogéographie historique", Paris, Fayard, 2004.

QUÉZEL, PIERRE; MÉDAIL, FRÉDÉRIC: „Écologie et biogéographie des fôrets du bassin méditerranéen", Paris, Éditions scientifiques et médicales Elsevier, 2003.

ROGUENANT, ALBERT; RAYNAL-ROQUES, ALINE; SELL, YVES: „Un amour d'orchidée. Le mariage de la fleur et de l'insecte", Paris, Belin, 2005.

RUTZ, CHRISTIAN: „The establishment of an urban bird population", in „Journal of Animal Ecology", Band 77, S. 1008–1019, London, British Ecological Society, 2008.

SCHNITZLER, ANNIK: „Écologie des fôrets naturelles d'Europe. Biodiversité, sylvigénèse, valeur patrimoniale des forêts primaires", Paris, Éditions Technique & Doc, 2002.

SCHNITZLER, ANNIK: „Forêts alluviales d'europe. Écologie, biogéographie, valeur intrinsèque", Paris, Éditions Technique & Doc, 2007.

SCHNITZLER, ANNIK: „Past and present distribution of the North African-Asian lion subgroup: a review", in „Mammal Review", Southampton, The Mammal Society, 2011.

VALÉRIE, JEAN-LUC: „Le Retour du loup en Lorraine", Haroué, Éditions Gérard Louis, 2010.

VAN VUURE, CIS: „Retracing the Aurochs: History, Morphology & Ecology of an Extinct Wild Ox", Sofia, Pensoft Publishers, 2005.

VERA, FRANS: „Grazing ecology and forest history",Wallingford, CAB International Publishing, Oxford, 2000.

VERA, FRANS; BUISSINK, FRANS: „Wilderness in Europe", Baarn, Tirion Publishers, 2007.

WILLIAMS, MICHAEL: „Deforesting the Earth. From Prehistory to Global Crisis. An Abridgement", Chicago, London, University of Chicago Press, 2006.

WILD WONDERS OF EUROPE
IST DAS GRÖSSTE AUF
NATURFOTOGRAFIE BASIERENDE
KOMMUNIKATIONSPROJEKT ZUM THEMA
NATURSCHUTZ IN EUROPA,
DAS ES JE GAB.

Unter der Direktion von Magnus Lundgren, Florian Möllers, Staffan Widstrand und Bridget Wijnberg beauftragte das Projekt 69 der besten Naturfotografen des Kontinents für ein einzigartiges Ziel: Das außergewöhnliche Naturerbe Europas vor den Augen von 700 Millionen Europäern und der Welt zu entfalten.

Als Resultat von 135 Fotomissionen in 48 Ländern des Kontinents entstand eine beeindruckende Bilddatenbank mit annähernd 250 000 überraschenden und einmaligen Fotos von Pflanzen, Tieren und Landschaften hunderter Gebiete in Europa.

Die Nutzungsrechte für sämtliche Bilder dieses Buches liegen bei Wild Wonders of Europe. Bilddaten können unter info@wild-wonders.com angefordert werden.

Weitere Bilder finden sich auf der Website von Wild Wonders of Europe: www.wild-wonders.com

Eine Auswahl der besten Aufnahmen ist ebenso verfügbar über die Bildagentur von Wild Wonders of Europe: Nature Picture Library (www.naturepl.com).

FOTOGRAFEN
THEO ALLOFS
BRUNO D'AMICIS
INGO ARNDT
NILS AUKAN
FRANCO BANFI
SANDRA BARTOCHA
NIALL BENVIE
DANIEL BERGMANN
MAURIZIO BIANCARELLI
PETER CAIRNS
LAURIE CAMPBELL
MARK CARWARDINE
DIETER DAMSCHEN
CORNELIA DÖRR
MAGNUS ELANDER
MARTIN FALKLIND
ELIO DELLA FERRERA
ANDERS GEIDEMARK
LAURENT GESLIN
EDWIN GIESBERS
DANNY GREEN
OLIVIER GRUNEWALD
ERLEND HAARBERG
ORSOLYA HAARBERG
MARK HAMBLIN
PÅL HERMANSEN
ARNE HODALIČ
KAI JENSEN
FRANK KRAHMER
GRZEGORZ LEŚNIEWSKI
MIREILLE DE LA LEZ
PETER LILJA
OLE JØRGEN LIODDEN
DIEGO LÓPEZ
MAGNUS LUNDGREN
DAVID MAITLAND
BENCE MÁTÉ
FLORIAN MÖLLERS
CLAUDIA MÜLLER
VINCENT MUNIER
JUAN CARLOS MUÑOZ
DIETMAR NILL
LÁSZLÓ NOVÁK
PETE OXFORD
JARI PELTOMÄKI
LINDA PITKIN
GEORG POPP
VERENA POPP-HACKNER
LOUIS-MARIE PRÉAU
MANUEL PRESTI
LUIS QUINTA
MILÁN RADISICS
LASSI RAUTIAINEN
IÑAKI RELANZÓN
MICHEL ROGGO
JOSÉ B. RUIZ
NUNO SÁ
TOM SCHANDY
IGOR SHPILENOK
RUBEN SMIT
JESPER TØNNING
STEFANO UNTERTHINER
MARKUS VARESVUO
STAFFAN WIDSTRAND
KONRAD WOTHE
SVEN ZAČEK
SOLVIN ZANKL
CHRISTIAN ZIEGLER
DANIEL ZUPANC

DANKSAGUNG

Während meiner Arbeit über die Wilden Wälder in Europa war mir Florian Möllers, Fotograf, Biologe und leidenschaftlicher Freund der wilden Natur, ein wertvoller Berater bei der Ausarbeitung der Texte.

Meinen tiefen Dank möchte ich auch Stéphanie Zweifel ausdrücken, der Lektorin von La Martinière, die mir mit großer Kompetenz, Geduld und Freundlichkeit zur Seite gestanden hat. Große Bewunderung hege ich für das Können und die Sensibilität von Anne-Marie Bourgeois, die für den Entwurf des Layouts und die Umsetzung des vorliegenden Bandes verantwortlich ist.

Schließlich möchte ich auch meinen Kollegen und Freunden Marie-Stella Duchiron, Benoit Dodelin, Jean-Claude Génot, Farid Benhammou und Christophe Brua danken, die mir mit Literaturvorschlägen, Diskussionen und Anregungen in ihren jeweiligen Spezialgebieten geholfen haben.

KÜNSTLERISCHE LEITUNG
VALÉRIE GAUTIER

GESTALTUNG & UMSETZUNG
M87 DESIGN / ANNE-MARIE BOURGEOIS
ASSISTENZ
ADRIEN LABBE

KORREKTORAT
CLAIRE LEMOINE

KARTE
CYRILLE SUSS

ÜBERSETZUNG
VÉRONIQUE CEBAL

MITARBEITER DER DEUTSCHEN AUSGABE:

ÜBERSETZUNG
CHRISTINE DIEFENBACHER, URSULA HÖFKER, GREGOR RUNGE FÜR DELIUS PRODUCING BERLIN

LEKTORAT UND SATZ
JULIANE VON LAFFERT FÜR DELIUS PRODUCING BERLIN

TITELGESTALTUNG:
WWW.ANJAGRIMM GESTALTUNG.DE (GESTALTUNG)/WWW. STEPHANENGELKE.DE (BERATUNG)

Die National Geographic Society, eine der größten gemeinnützigen wissenschaftlichen Vereinigungen der Welt, wurde 1888 gegründet, um «die geographischen Kenntnisse zu mehren und zu verbreiten». Sie unterstützt die Erforschung und Erhaltung von Lebensräumen sowie Forschungs- und Bildungsprogramme. Ihre weltweit mehr als neun Millionen Mitglieder erhalten monatlich das National Geographic-Magazin, in dem die besten Fotografen ihre Bilder veröffentlichen sowie renommierte Autoren aus nahezu allen Wissensgebieten der Welt berichten. Ihr Ziel: *inspiring people to care about the planet*, Menschen zu inspirieren, sich für ihren Planeten einzusetzen.

Die NGS informiert nicht nur durch das Magazin, sondern auch durch Bücher, Fernsehprogramme und DVDs.

Falls Sie mehr über National Geographic wissen wollen, besuchen Sie unsere Website unter www.nationalgeographic.de.

Titel der franzöischen Originalausgabe:
Forêts d'Europe

Autorisierte deutsche Ausgabe, veröffentlicht von National Geographic Deutschland (G+J/RBA GmbH & Co. KG), Hamburg 2011.

Druckerei: KAPP Graphic
Printed in France
ISBN 978-3-86690-253-4

↑

Atlantisches Hasenglöckchen
Hyacinthoides non-scripta
BELGIEN/HALLERBOS, BRABANT
Maurizio Biancarelli

Braunbär
Ursus arctos
FINNLAND/KUHMO, KAINUU
Staffan Widstrand

Bartkauz
Strix nebulosa
FINNLAND/OULU
Sven Začek